世界の水辺都市への旅

芦川智 編

芦川智・金子友美
鶴田佳子・髙木亜紀子 著

彰国社

装丁・本文デザイン　水野哲也（watermark）

はじめに

　本書は、2017年に刊行された『世界の広場への旅　もうひとつの広場論』の姉妹本であり、既刊本同様、筆者らの海外都市広場調査の結果に基づいている。この調査では21年間で延べ86か国、1059の広場を訪れている。本書では、旅のなかで私たちが、何を感じ、何を得られたかを各人の旅の記録として記載していくことを考えた。旅では日常の生活を離れて、環境の違い、生活様式の違い、文化の違いなどに接することにより、新しい自分を発見することも可能となる。その体験を語ることで、水と都市、水と人間の関わりが私たちに与えてくれたさまざまな示唆を振り返り、その関係を見つめ直したいと考えた。

　水は飲料水として人間にとって必要不可欠な要素である。それは小さな集落でも水を確保できる立地が選ばれてきたことが示している。そして集落の小川は生きるためだけでなく、住人にとってのふるさとの風景のひとつの要素として長く心の奥にあるものである。

　それがまちの規模になるとそこには大きな川があり、水によって生産が行われ、水を媒体として産業が成り立ち人間の生活にさまざまな潤いが生まれる。水の存在により植栽が育ち林となり森林を構成する、川の流れが水面を形成し、水上交通が可能となる。川面を渡る風が夕暮れのときには一日の疲れを癒やしてくれる要素となる。水面を利用して舟を浮かべると、そこはレクリエーションの空間にもなる。

　また、川の流れが地形をつくり、渓谷をうがち、水と地形の複合した風景をつくり出す。しかし、大量の雨が降ると川は一変して人々に被害を及ぼす対象となってしまう。外敵に対してまちが守りの体制をつくらなければならない時代には柵や城壁や堀割を築き、川がひとつの防衛要素となったこともある。また、まちが海に接していれば川と異なる条件が生じる。海の水産資源により私たちの生活は豊かになり、さらに海洋が世界への窓口として機能してきた。海洋のまちの特色は特別な条件といえる。

　このように水によって人間生活のさまざまな風景がつくり出され、まちを形成し、歴史をつくりあげていく媒体となってきた。今あらためて私たちが旅で目にした水による風景をたどっていくことは、人間の生活の各種の側面を物語ることである。そしてその体験の記録を記すことで、私たちと同じように各地を旅する人々にとって、その良きガイドブックとして活用されることを期待するのである。

2022年11月　芦川 智

都市と水の文化論

都市と水の関わり

　世界の都市と水との関わりは多様なとらえ方がある。

　まず記憶に残る水の風景の第一はヴェネツィアである。ヴェネツィアが特異なのは車を完全に排除したことによる。一般の都市のタクシーが水上タクシーに、バスがヴァポレットと呼ばれる乗合船、渡し舟がトラゲット、少人数の遊覧船がゴンドラとなる。徹底した水上交通の様相は車社会となった現代で、歩行者が安心して陸路を歩けるまちとなっているのである。

　同じく歩行者の空間として、中国の蘇州周辺の水郷古鎮がある。ここも車の進入をまちの周辺までとし、そこからは歩行と船による交通に限定している。これらの都市は蘇州や上海、そして京杭運河によって北京まで水運が確保され、重要な物流ネットワークを形成してきたのである。現在の水郷古鎮は、水路網と商店街の通りが並行して配置されている風景で、観光都市としてその名が知られている。

　河川に視点を移せば、ヨーロッパの場合大河に沿ってまちづくりを行う事例は多い。ライン川、ドナウ川をはじめとしてヨーロッパには、流域が長くゆったりとした流れの大河が多く存在している。これらはまず水上交通の拠点をつくることができ、古くから流域の歴史や産業に大きく関わってきた。都市生活に必要な水量を確保すること、川に隣接すると緑を確保しやすく水面を都市の風景に加えるなどの効用が考えられる。

　また河川の空間は陸地の境界要素となっていることから、都市を貫通する河川は都市域を二分する要素となることは確かである。その際、河川は領域の性格を分ける場合もあるが、互いを結びつける要素にもなりえる。

　陸続きのヨーロッパでは、都市国家の時代から都市自体が防御の体制をつくるのは当然のことであった。山岳都市や蛇行する河川を利用して地形で守ることができる立地であるときはよいとして、平地に城をつくるときには城壁で囲うことや堀割で防御するなどの形態をとるのが一般的であった。中世では、領主が市民を守るために周囲を城壁で囲った都市を形成していた。

　そして防衛の必要性がなくなった現代では、これらの水の痕跡は別の役割を担う。オーストリアのウィーンの場合もかつては堀と城壁に囲まれていたが、19世紀に城壁を取り払い、グリーンベルトのリンクを建設して都市を囲う幹線道路とした。近代以降、城壁で守る必要がなくなっていったため、別の機能を割り当てる選択となったのである。

　この水を利用した防衛体制づくりには、水城（みずじろ、すいじょう）という概念がある。つまり河川や湖沼、海といった

水源を利用して城を守る形を形成することである。日本では664年太宰府防衛のために築かれた水城があり、日本書紀にも記載され現在でもその地名が残る。

　農耕民族にとって水は作物の収穫を得るために必要不可欠かつ重要な要素であり、八百万の神の世界が広がる日本では、水を神格化する風習や水に関係する神事も数多く残されている。これは東南アジアの場合も同様で、たとえば仏教の国タイではあらゆるところに神がおり、供え物をする風習が現在でも残されている。もちろん水の神も存在する。インドではヒンドゥー教徒の沐浴のための聖なる空間として、ガンジス川が位置づけられている。水を神聖な対象としてとらえているのである。水辺を神格化する事例は、仏教やヒンドゥー教の世界には共通して見られることである。

　近くに水源がない場所では水を運ぶ仕組みが考えられてきた。砂漠地帯では遠方から都市に水を運ぶカナートがある。これは地下水道網のことであり、イランの砂漠地帯にはアケメネス朝ペルシャの時代から現在でも機能している事例がある。

　都市への送水手法としては古代ローマ時代に水道橋の建設が行われたが、現在でもそれが遺跡として残っている都市がある。スペインのセゴビアのそれが規模的に巨大であると同時に20世紀まで機能していたことは驚きである。

　また多くの都市で生活用水確保のために井戸を掘ることも度々行われてきた。いずれも水の確保のために設けられた都市施設であり、それが都市の生命線となっていたのである。

　そして同じ水辺でも、河川と海とでは意味が異なる。海は多くの水産資源をもたらし交易の拠点となることは間違いないが、世界とつながる窓口でもある。かつて、海洋都市としてその名を馳せたドゥブロヴニクは、アドリア海の港町である。海洋に接していることのメリットと共に、海洋からの攻撃に対する守りを固める必要もあった。結果、城壁で囲まれた稠密な旧市街が形成された。都市の歴史過程が現代の都市の様相に映し出されていて、それが都市の魅力となっているのである。

水のかたちと現代の都市

　現在私たちが訪れる都市には、水との歴史がそのまま都市の形態となって現れている例も多い。こうした歴史や都市形成の背景をたどることは、現在見られる都市の魅力を理解する一助となるだろう。

　水と関わる都市の風景が創り出される内容をひとつひとつ紐解いていこう。

目　次

世界の水辺都市への旅

プロローグ　モンパジエ ［Monpazier / フランス］

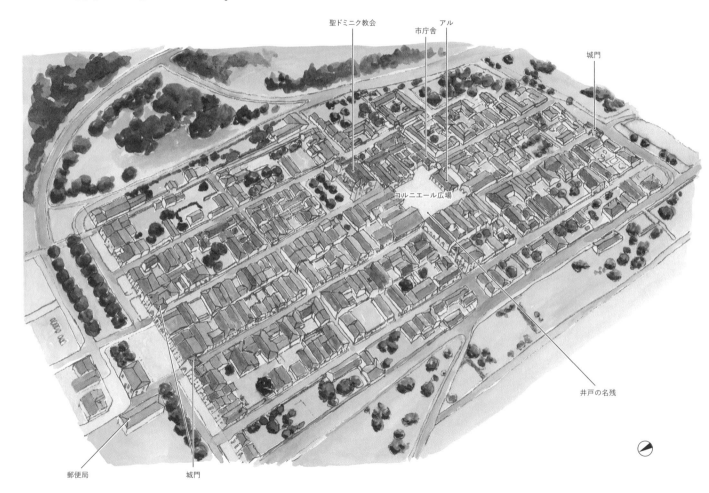

聖ドミニク教会
市庁舎
アル
城門
ヨルニエール広場
井戸の名残
郵便局
城門

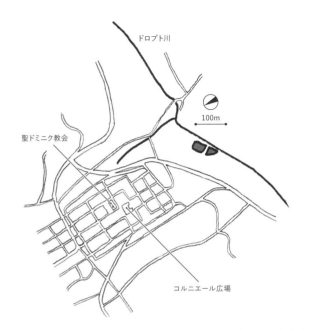

モンパジエの都市プランは、広場を中心とした格子状の整然とした都市計画によって構成され、市壁や門によって守られている。それはバスティードの典型とされてきた。しかしすべてのバスティードがそうであるわけではなく、それぞれの都市固有の条件のなかで独自の形態となっているのが実情である。

モンパジエの豆知識

中央広場はコルニエール広場と呼ばれ、住民の憩いの場となっており、毎週木曜日に朝市が開かれる。この伝統は700年以上の歴史を有しており、この都市の名物となっている。

海外調査のきっかけとなった旅

　本書のテーマは水である。だがモンパジエには、大きな河川や湖、堀割はない。他と比較してこのまちは水に対して消極的であるといわざるをえない。しかし、モンパジエを本書のプロローグとして紹介するのには別の理由がある。

旅のはじまり

　1982年、夫婦2人と3歳の娘による旅行は新婚旅行代わりの7か国40日間の旅であった。パリでレンタカーを借りて、調理用のガスボンベや最小限の食料などを買い込み、最初の宿泊地シャルトルを目指した。レンタカーはフォルクスワーゲンのポロであった。よく走り、小回りも利くしスピードも出る車である。夫婦2人は前列で交代しながら運転し、3歳の娘は後部座

城門
北側の城門。その内側のまちは、直交する道路で構成されている。

席に寝っ転がっていた。親子3人なかなか快適な旅であった。

しかしトラブルは旅の3日目に起きた。昼食のために駐車して小さなまちのカフェに向かった際、エンジンを切らずにドアをロックしてしまったのである。現在の車では防止策がなされているが、当時はまだこんなことができてしまう時代であった。さあここからが大変なことになった。まずフランス語はできない。まわりに英語を話す人を見つけられず、とにかく話が通じない。状況を身振り手振りで示して助けを求めて走り回った。その結果、金属のヘラを持って登場した親切な方がロックを解除してくれた。このときは自分の知りうるあらゆる感謝の言葉と握手で喜びを表現したことを覚えている。この騒動に2時間ほど費やし、この日の宿泊先も落ち着いて考えられないままこのまちを後にした。

モンパジエは「フランスの最も美しい村」のひとつに選定されている。広場に人々が集まる活気に満ちた場所にすることで、観光を促進することを目的としている。

3人の旅は行き当たりばったりで、行き着いたところで泊まるというきわめて曖昧な旅である。旅の途中で情報を得ながら車を走らせていた。モンパジエも旅のなかで聞いたまちであった。南フランスの片田舎の小さなまちで、小さな城門をくぐると直交した街路網の中央部に広場があり、きれいに整えられていた。

バスティードのまちモンパジエ

そこはバスティードと呼ばれる都市のひとつであった。バスティードとは、13世紀半ばより約100年の間に建設された中世新都市で、フランス南西部には約300の都市が確認されている。モンパジエは1284年イングランド王エドワード1世により開かれた新都市である。中心には広場があり、そこにはアル（halle）という屋根状の架構が設けられた市場施設がある。また広場の一角には井戸の名残もあり、住民への安定的な水供給が図られていたことがわかる。前述のようにモンパジエは河川の恩恵を受けられるような立地条件ではない。この市場広場と井戸の存在は、住民にとって重要な意味をもっていたと考えられる。

モンパジエ到着後

さて再び旅の話に戻るが、疲れ果てて到着したモンパジエでは残念ながら町中のホテルはどこも満室であった。そんなときに、少し離れているが宿泊できるところがあるという情報を得

て、気をよくして車で向かった。もう大分暗くなってからである。

　そしてそこのオーナーのご婦人がフランスの家庭料理を提供してくれて一挙にしあわせな気分となることができた。3歳の娘と一緒であったことがさらにそのご婦人の気持ちを和ませてくれたのであろうと今は思っている。

再認識と旅の決意

　1982年の旅では、さまざまな体験をして学んだことがたくさんあった。いくつもの国や地域を経験していく旅の結果、それらの相違が浮き彫りになり、各々の特色と良さがわかったように思う。また前述のトラブルでは異国での人の親切さが身にしみた。旅の醍醐味のひとつはこうした人との関わりにあるだろう。言葉や習慣の違いは大した問題ではなく、旅をして得るものはそれ以上に大きいことを実感した。この旅を経験したことが1990年から21年にわたる海外調査を行っていく決意につながったのである。　　　　　　　　　　　　　　　（SA）

左）教会とコルニエール広場　まっすぐ延びた道路の突き当たりにコルニエール広場があり、アーケードのある建物に囲まれている。広場の手前の塔は聖ドミニク教会の塔である。
中）井戸　広場の一角に井戸の名残がある。古くから市場広場として機能してきたことを示している。
右）アル　コルニエール広場の南側にアルと呼ばれる市場施設がある。市が立つときはアルの下に商品が並べられる。

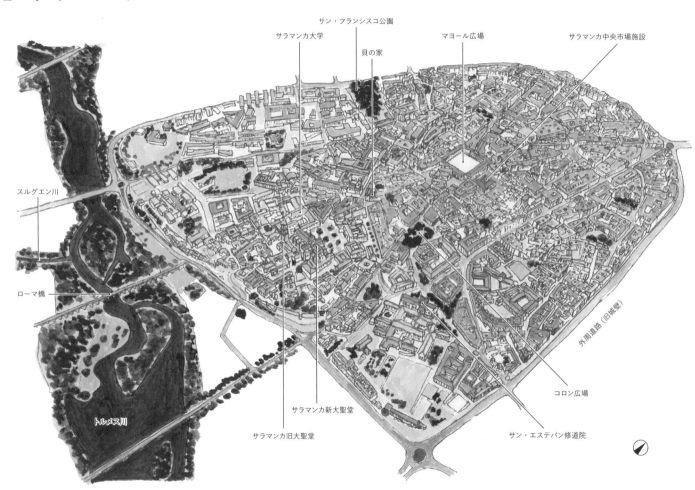

サン・フランシスコ公園

サラマンカ大学

貝の家

マヨール広場

サラマンカ中央市場施設

スルグエン川

ローマ橋

トルメス川

サラマンカ新大聖堂

サラマンカ旧大聖堂

サン・エステバン修道院

コロン広場

外周道路（旧城壁）

サラマンカはかつて外周をしっかりとした城壁で囲われていたが、現在残されているのはトルメス川の周辺の一部分である。城壁が撤去されたところは外周の幹線道路となっており、交通の要となっている。まちの中央にマヨール広場が配置され、そこから放射状に街路が延びて外周幹線道路と結合している。

地図内ラベル：
マヨール広場
ローマ橋
サラマンカ新大聖堂
トルメス川
100m

サマランカの豆知識

サラマンカでは、国土回復運動のレコンキスタが進みキリスト教圏になると、アルフォンソ9世により、サラマンカ大学が設立され、大学都市として位置づけられるようになった。サラマンカ大学はヨーロッパ最古の大学のひとつである。「知識を欲するものはサラマンカへ行け」との言葉が残されている。

トルメス川に沿うサラマンカのまち

サラマンカへの旅

　サラマンカへの旅は2回組んでいる。1回目はモンパジエの旅の延長で1982年の夏に、もう1回は1995年スペイン、ポルトガルの調査の折に訪れている。その13年の間に変わったのは観光客の数が多くなったことと、マヨール広場正面の市庁舎に電飾が付けられたことである。この変化は1988年にサラマンカの旧市街が世界遺産に登録されたことによるのであろう。

　1982年の行程は、マドリードの後サラマンカに至っている。当時マドリードのマヨール広場の中央にはバリケードが組まれて、夜の間オペラが上演されていた。そのため、マヨール広場としての本来の姿を体感することができなかった。その経験が、サラマンカのマヨール広場を訪れたときに、それをスペインの

トルメス川
サラマンカ旧市街の南側にトルメス川が流れており、緑地が河川沿いに並び憩いの空間となっている。尖塔がある建物はサラマンカ旧大聖堂である。

素朴で美しい広場と感じとる大きな要因となった。

まちの魅力とは

　まちの魅力とは何であろうか？　まず、歴史的都市形成の過程のなかで、中心が明確になっていること、そして歴史的建造物が保存され、まちとしてのまとまりがあること、さらに水や緑といった地形要素がまち全体の構成に影響していることが挙げられる。

　サラマンカについて当てはめてみよう。中心にはフェリーペ

マヨール広場
旧市街の中心はマヨール広場である。正面の建物が市庁舎となっている。マヨール広場の建設は18世紀前半に行われた。

5世が18世紀に建設したマヨール広場があり、まちの中心施設として機能している。そして旧市街は外周道路によってはっきりとまとまった空間として抽出可能である。大学都市として歴史ある施設が存在し、まちの南境界部分のトルメス川に沿って河川緑地が配置されている。トルメス川の水面に映る都市の夜景が人々を魅了するひとつの要素となっている。

　トルメス川の流れは西へ向かい、ポルトガルまで続く。しかし18世紀に国境付近にアルメンドラダムが建設され、直接水運でポルトガルへは行くことができなくなった。ポルトガル域内ではドウロ川となって、ポルトに向かう。

マヨール広場とトルメス川

　サラマンカの魅力の中心であるマヨール広場について考えてみよう。スペインにはマヨール広場という名前の広場がたくさんあることはスペインを旅した人ならわかっていると思う。マヨールとは大きな、中心の、代表するという意味をもっており、都市の中心にある広場とか大広場を指す呼び名なのである。元々マヨール広場であったが、現代になってから名称が変えられたものもある。マヨール広場の建設は、イスラーム勢力をイベリア半島から駆逐した、いわゆるレコンキスタの後に絶対主義国家で王権が力をもっていた時代につくられたのである。マヨール広場はイベリア半島の全体に分布しているが、最後まで

イスラーム勢力が居座っていたアンダルシア地方には少ないことがわかっている。そして、マヨール広場のなかでも最も美しいとされるのがサラマンカの広場である。

　サラマンカのもうひとつの魅力は大学都市であり、都市域の南にそれらが集中している。大学施設と共に大聖堂が歴史的建造物として魅力を支えている。それらはトルメス川の水面に映り込んでその美しさをさらに高めている。ローマからの道に架かるローマ橋を渡るときに、その効果は絶大である。さらにセビリア発のサンティアゴ・デ・コンポステーラ大聖堂への巡礼路もこのローマ橋を渡っていくために、サラマンカの都市にとってトルメス川の位置づけは重要な意味を有しているといえる。

（SA）

ローマ橋
トルメス川に架かるこの橋は古代ローマ時代に架けられたものでローマ橋と呼ばれる。この道がローマに通じている。

左）1階のアーケード
マヨール広場は四周の建物が同じデザインとなり、1階にはアーケードが並ぶ。
右）マヨール広場の夜間照明
スペインの夏は午後9時でも明るいので、人々はマヨール広場に集まって、長い夜を楽しむ。

02　リスボン ［Lisbon / ポルトガル］

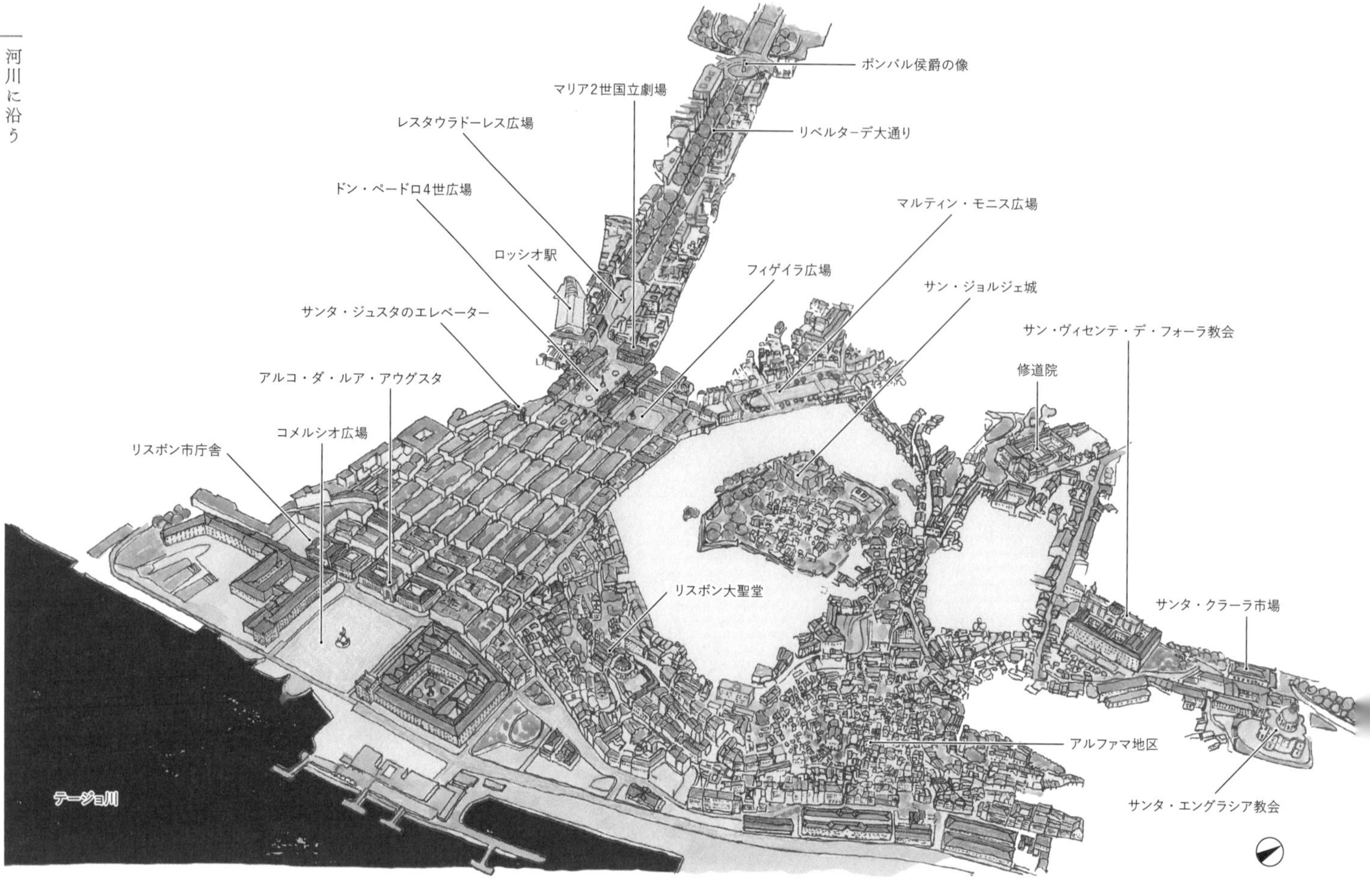

河川に沿う

ポンバル侯爵の像

マリア2世国立劇場

レスタウラドーレス広場

リベルターデ大通り

ドン・ペードロ4世広場

マルティン・モニス広場

ロッシオ駅

フィゲイラ広場

サン・ジョルジェ城

サンタ・ジュスタのエレベーター

サン・ヴィセンテ・デ・フォーラ教会

アルコ・ダ・ルア・アウグスタ

修道院

コメルシオ広場

リスボン市庁舎

サンタ・クラーラ市場

リスボン大聖堂

アルファマ地区

テージョ川

サンタ・エングラシア教会

18

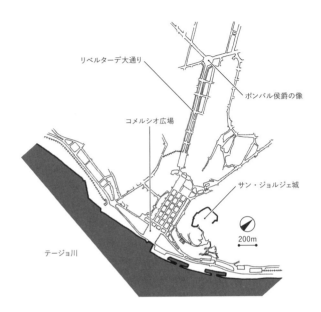

リベルターデ大通り

ポンバル侯爵の像

コメルシオ広場

サン・ジョルジェ城

テージョ川

200m

リスボン主要部はテージョ川に接するコメルシオ広場を起点に格子状の中心都市部分が北に延び、ドン・ペードロ4世広場からは緩やかに上っていくリベルターデ大通りに引き継がれる。終点はリスボンの都市計画を担当したポンバル侯爵の記念像となっている。これらの通りの両側は斜面となっており、東側にはサン・ジョルジェ城がある。西側はテージョ川に接する部分で地理上の発見に寄与した記念碑などが存在している。

リスボンの豆知識

常に水供給が課題となっているリスボンには、アグアス・リブレスと呼ばれる水道橋がある。この水道橋は18世紀に建設されたもので、全長941mでアーチの合計は35となっており、アルカンタラ渓谷を越えるかたちで計画されている。

テージョ川*に沿う大航海時代の都市

　リスボンに降り立ったのは1995年9月7日で、もう秋風が吹き出す頃であった。それより13年前の、1982年8月11日に初めて訪れたときは、夏の暑さに苦しめられた記憶だけが残った旅であった。9月はテージョ川を渡る風が快適であり、以前の記憶が信じられないというものであった。

リスボンの歴史

　リスボンはポルトガル最大の都市で首都である。711年リスボンはイスラーム勢力に征服され、6世紀の間その支配下となっていた。イスラームに支配された時代が終わり、1249年国土回復を果たし、リスボンが名実共にポルトガル王国の中心と

サン・ジョルジェ城
ケルト人、イベリア人、古代ローマ、ムーア人と支配者が変わった。イスラームから奪還ののちは王国の宮殿となったが1531年の地震で被害を受けた。現在は眺望が良いことにより観光客に人気がある。

＊スペインではタホ川。ポルトガル語とスペイン語の違いによる。

なった。そして15世紀からはじまる大航海時代で、多くのポルトガルの遠征隊がリスボンを旅立っていった。そのなかにヴァスコ・ダ・ガマも含まれている。16世紀は黄金期で豊富な香辛料や奴隷、砂糖、織物の他、さまざまな商品がリスボンを潤した。黄金期に巨万の富を蓄えたが、16世紀後半から徐々に衰えはじめ、ついにスペインに併合された。しかし、1640年リスボンで革命が起き、それがポルトガルの独立を達成したという歴史をたどった都市である。

コメルシオ広場
1755年のリスボン地震で倒壊したリベイラ宮殿の跡に建設された広場である。アウグスタ通りからの導入部にアルコ・ダ・ルア・アウグスタと呼ばれるアーチが位置する。

地震と都市改造

　1755年に起きた大地震の後、リスボンの都市計画を担当したのはポンバル侯爵である。私たちは侯爵の記念像のある高台に上り、そこから下りながら、リスボンの都市像を確認することにした。谷筋に都市の軸線であるリベルターデ大通りを置き、テージョ川に至るラインに沿っていくつかの広場を経由しながら、その先端にコメルシオ広場を配置させている。あたかもそのライン上で水面に至り、海洋に雄飛していったポルトガルの姿を暗示しているかのような計画となっていた。テージョ川はリスボン付近で川幅が広がるので、このような姿を感じさせるのであろう。河口付近の川幅はかなり広く、良好な港湾都市としての機能を有していた。

海洋国家としてのポルトガル

　コメルシオ広場は三辺が行政関係の端正な建物に囲まれ、入り口部分はアルコ・ダ・ルア・アウグスタと呼ばれる装飾的な凱旋門となっている。残り一辺はテージョ川に開かれ、川面を流れてきた風を感じとれるようになっている。そして西側に進むと市庁舎があり、地下鉄駅や港関係施設やリベイラ市場につながり、さらに進むと地理上の発見のモニュメント、ベレンの塔に至る。それはリスボン港を守る要塞として建設されたもので、長い厳しい航海から帰ってきた船乗りたちを迎え入れるポ

ルトガルのシンボルとしての存在であった。リスボンが海洋国家として世界に雄飛した歴史を物語っている姿を確認できるのである。

イスラームの残滓

　リスボンにはかつてイスラームに支配されていた歴史を感じとれる場がある。それがアルファマ地区である。山の上の高台にあるサン・ジョルジェ城からテージョ川に至る南斜面に形成された部分である。イスラーム的な複雑な道が残され、リスボンの計画道路と明らかに異なっている状況が見てとれる。夜になるとポルトガルの民族歌謡であるファドの歌が流れてきて、過ぎし日の繁栄を想う哀愁の調べとなっている。　　　　（SA）

アルファマ地区　サン・ジョルジェ城とテージョ川の間の丘陵地で名前の由来は泉や風呂を意味するアラビア語である。イスラーム支配時代のまちなみを感じることができる地区である。

左）アグアス・リブレス水道橋　18世紀に建設されたものでリスボンの水供給に役立った重要なプロジェクトであった。
中）テージョ川　アルコ・ダ・ルア・アウグスタの先はテージョ川の河口部が広がる。
右）ベレンの塔　テージョ川の河畔に建つ。ヴァスコ・ダ・ガマのインド航路発見の偉業をたたえて建設されたもの。

河川に沿う

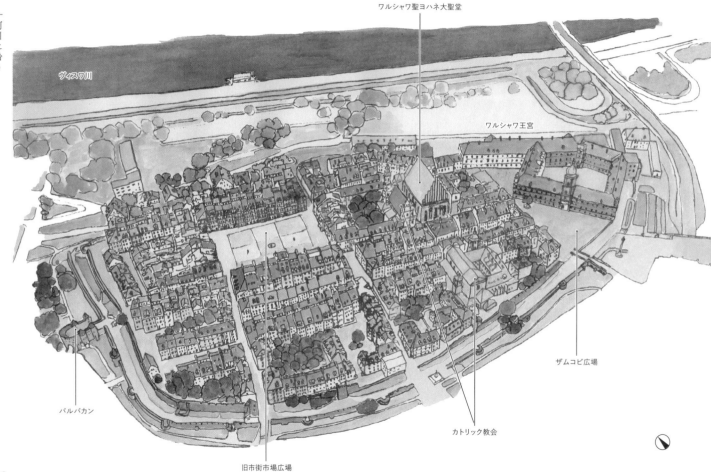

ワルシャワ聖ヨハネ大聖堂

ヴィスワ川

ワルシャワ王宮

ザムコビ広場

バルバカン

カトリック教会

旧市街市場広場

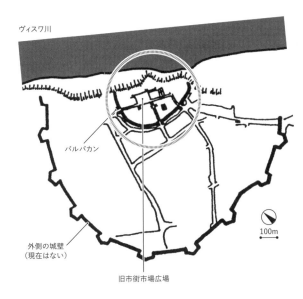

ヴィスワ川

バルバカン

外側の城壁
（現在はない）

旧市街市場広場

100m

ヴィスワ川を背に二重の城壁で囲まれた旧市街は中世の姿を留めている。旧市街市場広場を核に直交する街路が設定され、東南の一角がワルシャワ王宮であり、北西にバルバカンと呼ばれる兵士詰所や武器保管などを機能とする城門が配置されている。かつては旧市街の外側に城壁があって、守りを固めていた。

ワルシャワの豆知識

ワルシャワに生まれた著名人にフレデリック・ショパンとマリー・キュリーがいる。ショパンはワルシャワ郊外のジェラゾヴァ・ヴォラに生まれてワルシャワに移り住む。彼の心臓が聖十字架教会に埋め込まれている。マリー・キュリーはワルシャワに生まれ、生家は博物館になっている。

市民の復興への意欲で再現されたまちなみ

　ヴィスワ川のほとりの高台に位置するワルシャワ旧市街を訪れたのは、東欧の民主化が行われた1990年9月初めであった。当時はまだ東西ドイツが統一されていなかったので、西ドイツのフランクフルトを出発地としてポーランドに向かったが、どうしてもベルリンの壁が壊れたのを確認したいと思い、ポーランドに向かう高速道路のベルリンインターで降りた。ちょうど1年前の11月に壁が壊れたその事実がベルリンの人々のなかで希望の光となっているような気がしてならなかった。

ワルシャワの歴史

　東欧民主化の熱気がまだ収まらないポーランドでは、人々の顔が明るくなったように感じたのは私だけの感覚であったのかもしれないと思いながら、ワルシャワの歴史地区を見て回った。ワルシャワの歴史は13世紀に遡る。ヴィスワ川の中流マゾフシェ地方の漁業を生業とする寒村であった。その後1611年に王国の首都とされたが、大国の間で紆余曲折があった。1795年第三次ポーランド分割でプロイセン領になったが、ワルシャワはポーランド王国の再興の中心となった。首都になったのは1918年ポーランドが独立した結果であった。第二次世界大戦時には歴史地区は破壊されたが、戦後ワルシャワ市民により壁の

ひび割れ一本にいたるまで忠実に再現された。旧市街は二重の城壁で囲われているが、東側はヴィスワ川となり、守りの体制を形成している。かつては旧市街の城壁の外側約1kmにもうひとつの城壁があったが、現在はいくつかの痕跡が残るのみである。北側のシタデル（城塞）もそのひとつである。現代のワルシャワはヴィスワ川の東側にも市街地が広がり、都市の環境のなかで重要な要素となっている。

　2回目にワルシャワを訪れたのは1999年で、9年後のことである。旧市街は観光地として多くの観光客を迎え入れていた。

中心広場の構成

　ワルシャワの中心広場は旧市街市場広場である。古い地図を見ると広場の中央に建物があって、市庁舎であったことがわかる。この形式はポーランドの市場広場（ルィネクと呼ばれる）の典型で、ポズナン、ヴロツワフの広場にも中央に市庁舎を中心として、その他計量所や警備の詰め所、商業会館など複数の建物群がある。ワルシャワの場合は広場自体が小規模なので市庁舎だけであったのであろう。そして、教会の位置は中心の広場には面していないのである。これもポーランドでよく見られ

バルバカン
旧市街の北西にあるバルバカン。城の砦として火薬庫などに使用していた。

旧市街市場広場（ルィネク）
中央部にかつての市場の井戸を見ることができる。カトリック教会の鐘楼がまちなみの向こうに見える（東欧の民主化後の1990年撮影）。

る広場の形式である。

　また、ワルシャワの場合北西の城門がバルバカンという円形状の砦で、兵士の詰め所や武器の保管庫として機能したものであるが、これはクラクフにも同様のものがある。

ヴィスワ川の位置づけ

　さてワルシャワにとってヴィスワ川はどのような位置づけであろうか。ひとつは二重の城壁と共にその東側で境界要素機能をもつ。2つ目はバルト海に抜ける幹線物流の軸となっており、ポーランドの港町グダンスクと連携することでバルト海交易につながる重要な要素になる。

　また、現代のワルシャワにとっても、緑地空間を伴う水面空間は、良好な都市環境として機能していると考えられる。そして、ワルシャワは首都として拡大しており、都市域の中央をヴィスワ川が貫通しているといったほうが正しい関係と見るべきで、川の水面利用も時代とともに変化している。　　　（SA）

左）9年後の広場
旧市街市場広場を1999年に撮影したもの。観光客が増え、オープンカフェなどが並ぶ。
中）東欧の民主化
民主化後10年で人々の顔は明るい。旧市街は復元されて観光の目玉となっている。
右）井戸施設
かつて市場広場で機能していた井戸は、現在でも保存されている。

聖なる流れ

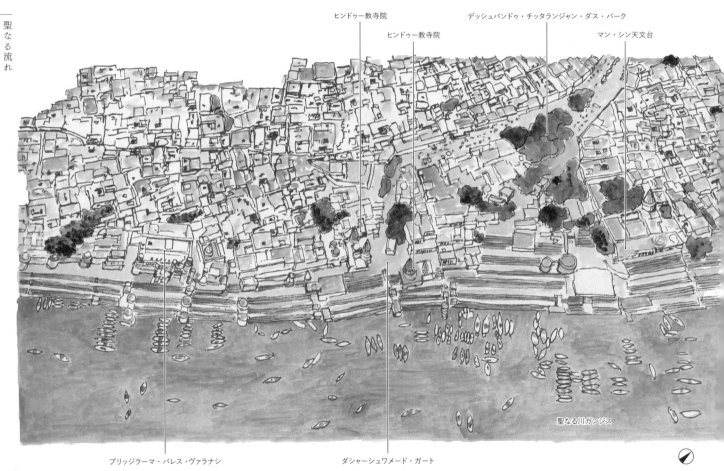

ヒンドゥー教寺院

ヒンドゥー教寺院

デッシュバンドゥ・チッタランジャン・ダス・パーク

マン・シン天文台

聖なる川ガンジス

ブリッジラーマ・パレス・ヴァラナシ

ダシャーシュワメード・ガート

マニカルニカ・
ガート

ヴィシュワナート寺院

ガンジス川

ダシャーシュワメード・ガート

1000m

ヴァラナシのまちはガンジス川の左岸に半円状に形成されている。多数のヒンドゥー教寺院があり、それと共に巡礼路が迷路状に広がる。12世紀末から18世紀後半にかけてイスラーム支配時代があったこともあり、現在も270以上のモスクがあるという。仏教寺院、シーク教寺院なども混在する宗教都市である。

ヴァラナシの豆知識

ヴァラナシはインドの7つの聖なる都市のひとつであり、シヴァ神の住処と信じられている。ガンジス川はシヴァ神が天上の川を自らの髪によって地上に導いたと伝えられていることもあり、神聖なものとされている。

聖なるガンジス川左岸に広がる宗教都市

インドの旅と食

　ヴァラナシを訪れたのは、2005年3月のことである。デリーからはじまり、ジョドプル、ジャイプル、アグラなどを経て、最後の目的地がヴァラナシであった。アグラの約30km西に位置する小さなまちから夜行列車に乗り、9時間かけてヴァラナシに向かった。列車のなかで食べた弁当のトレーには、ご飯、ナン、カレー2種、炒め物が載っていた。インドの旅も終盤であり、何種類ものカレーを食べてきたが、その弁当に入っていた薄黄色で黒ゴマがかかっていたカレーが素朴だがとても美味しく、この旅で一番印象に残っているカレーである。

　また、インドで最もよく飲まれているといっても過言ではない飲み物はチャイである。チャイと呼ばれる飲み物は他の国に

ガートの風景
沐浴する人、祈りを捧げる人、洗濯をする人、遊ぶ子どもたちなど、多様な行為が繰り広げられる。

もあるが、インドのチャイは甘いミルクティーである。まちのあちこちにチャイを売る店があり、小さな素焼きの器に入れてくれる。そもそも私はミルクティーが好きではないうえに、こんなに暑いのに熱くて甘いチャイなんてと思ったが、飲んでみると甘みが心地よくすっと喉を通り、とてもしっくりくる飲み物であった。飲み終わると素焼きの器は道路に叩きつけて割り、破片はそのまま放置される（その後土に還るらしい）。旅の間、毎日何杯も美味しくチャイをいただいたが、日本に帰るとミルクティーが好きになっているわけではなく、改めて、インドの土地と気候ならではのチャイだったのだと感じた。

ガンジス川とガート

ヴァラナシのまちの中心は約5kmにわたり連なるガートである。ガートとは、川岸につくられた階段空間で、祈りの場、火葬場などの役割をもつ。また、3m以上も変化する川の水位を吸収する装置としても機能している。ガートは沐浴をして身を清める人々、祈りを捧げる人々、洗濯をする人々、遊び戯れる子どもたちなど、さまざまな人で溢れている。また、寺院やホテル、商業施設などの建物、宗教的な像、露天商、日差し除けのパラソル、干された洗濯物などが、彩り豊かにびっしりと配されている。ガンジスの水は腐らないといわれており、持ち帰る人も多々いるそうで、水を入れるポリタンクを売る露店もあった。ガンジスの水が入っているという、金属製の小さな壺の土産物もあった。

最も古く、最も神聖なガートのひとつがマニカルニカ・ガートである。そこは火葬の場であり、途絶えることなく煙が立ち上る。遺灰は聖なる川、ガンジス川に流される。ここで荼毘に付された者は救済されると信じられている。

ヴァラナシ最大のガート、ダシャーシュワメード・ガートは、5m×2.5mのテラスを連続的に配置し、祈りの空間をつくり出している。日没時にはプージャと呼ばれる礼拝が行われる。

その先には、最も重要なヒンドゥー寺院といわれるヴィシュワナート寺院がある。尖塔は黄金で葺かれているため、黄金の寺とも呼ばれる。ヴィシュワナート寺院に向かう道はヴィシュワナート小路と呼ばれ、巡礼路になっている。道幅が狭く、曲

ガンジス川とヴァラナシのまち
川岸にはガートが連なり、寺院や商業施設などの建物や像、パラソルなどが並ぶ。

がりくねった小路には食料、衣類、日用品や土産物、宗教関連のものなど、さまざまな店がひしめきあっている。

対岸に昇る朝日

　ガンジス川はヒマラヤ山脈からインド北東部に流れる、全長2525kmにも及ぶ大河である。ヴァラナシの手前で南から北へ流れが変わるため、ガンジス川を前にすると東を向くこととなり、早朝には対岸に昇る朝日を見ることができる。

　私たちはボートに乗り、朝日を見に行った。対岸は不浄の地とされており、ほとんど何もないため、遮られることなく朝日を見ることができる。聖なる川から朝日を見ていると、神聖で、厳かな気分に浸ることができた。　　　　　　　（AT）

ダシャーシュワメード・ガート
ヴァラナシ最大のガート。連続的に配置された空間で多くの人が祈りを捧げる。

洗濯をする人々
川上の建物が少ないところでは、絨毯が洗われ、干されていた。

ガンジス川から見た朝日
川の対岸東側から朝日が昇る。

ヴィシュワナート小路
ヴィシュワナート寺院へ向かう巡礼路。曲がりくねった狭い道沿いにさまざまな店が並ぶ。

聖なる流れ

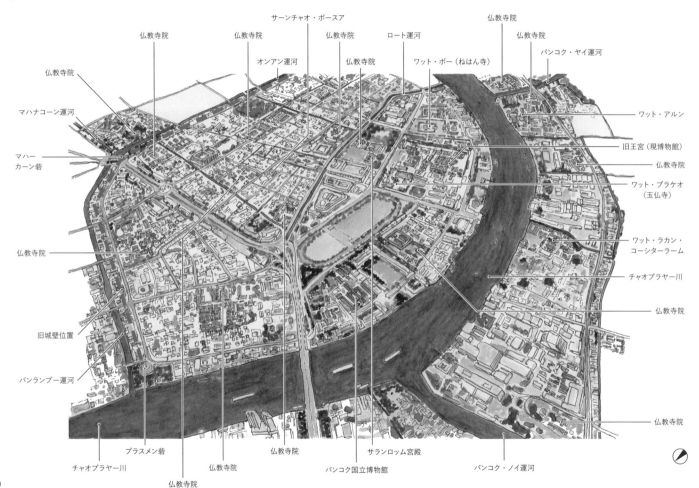

仏教寺院

サーンチャオ・ポースア

仏教寺院

仏教寺院

仏教寺院

仏教寺院

ロート運河

仏教寺院

仏教寺院

オンアン運河

仏教寺院

ワット・ポー（ねはん寺）

バンコク・ヤイ運河

仏教寺院

マハナコーン運河

ワット・アルン

マハーカーン砦

旧王宮（現博物館）

仏教寺院

ワット・プラケオ
（玉仏寺）

仏教寺院

ワット・ラカン・
コーシターラーム

チャオプラヤー川

旧城壁位置

仏教寺院

バンランプー運河

プラスメン砦

チャオプラヤー川

仏教寺院

仏教寺院

仏教寺院

サランロム宮殿

バンコク国立博物館

バンコク・ノイ運河

仏教寺院

バンコクにはチャオプラヤー川を中心に網の目のような運河と水路網が敷かれており、産業・交通・観光の基盤を形成している。都心部には高架鉄道や地下鉄が開通しているが、通勤輸送のための路線数が少なく、乗用車やタクシー、バスを公共交通機関としているために世界有数の渋滞都市となっている。それゆえ、水路上の交通が渋滞のない交通機関とされている。

バンコクの豆知識

多数ある仏教寺院のなかで三大寺院というとワット・アルン、ワット・プラケオ、ワット・ポーとされる。ワット・アルンはチャオプラヤー川に面してまちのシンボルとしてあり、他の2つは王宮の近くに存在している。

産業・交通・観光の基盤を形成する水路網

バンコクはタイ王国の首都である。タイ国民はバンコクをクルンテープと呼んでいる。これは天使の都を意味している。現在は世界有数の大都市圏を形成し、ASEAN経済の中心地で東南アジア屈指の世界都市でもある。

バンコクの歴史

バンコクの歴史は1782年ラーマ1世がトンブリーから現在のバンコクに首都を移してからとなる。ラーマ1世は1771年王宮を中心とするエリアの外周にロート運河を改修し、その外側にバンランプー運河とオンアン運河を開削して二重の防衛体制を築いた。その内側に城壁を築いて環濠城壁都市バンコクを誕生させ、さらに2つの運河の間にマハーン運河とラーチャボビッ

バンコク・ヤイ運河
運河のワット・クーハーサワン（寺院）の船着場からはじまる商店街。

ト運河を開削して城壁内の運河網を完成させた。現在、城壁はほとんどなくなっているが、その残滓として2つの砦が残されている。

バンコクの王族がこの城壁の内側に居住していたが、タイの経済発展とともに市街地は東へと延びていった。ラーマ5世の時代以降市街地は拡大していき、2つの運河で囲われた環濠都市部分は旧市街としての位置づけとなった。その後道路建設が進み、第二次世界大戦後は運河も埋め立てられていった。1972年にはトンブリー県がバンコクに吸収されている。現在都市化

ワット・バーン・ウェーク（寺院）
バンコク・ヤイ運河から50mほど支流に入ったところにワット・バーン・ウェークがある。三角屋根が目印になっている。

が進んだバンコクであるが、その発祥の地である王宮周辺は歴史的建造物が集中し、昔の栄華を今に伝えている。

チャオプラヤー川とバンコク

メコン川は、中国からはじまりミャンマー、ラオス、タイ、カンボジア、ベトナム、南シナ海へと国際的な範囲をカバーしているのに対して、チャオプラヤー川の流域はタイ国内に限られている。両川とも穀倉地帯を流れる川という点で同じであり、地域環境を支えるという意味でも重要な川であることは間違いない。タイ国民にとってのチャオプラヤー川は重要な産業を支える川であることはもちろん、心の支えともなることが実際にバンコクに行ってから感じられたことである。タイは敬虔な仏教国であり、いたるところで花が供えられ、神が存在し、その神に対して祈りを捧げる。畑の神、井戸の神、山の神、市場の神など多くの神に支えられて日常の生活が成り立っているが、そのひとつの背景にチャオプラヤー川があると感じられるのである。現実にチャオプラヤー川に面していくつもの仏教寺院が配置されており、チャオプラヤー川とつながる多くの運河にも寺院があり、あたかも川や運河の守り神として位置づけられているように思う。

水上交通の中心にチャオプラヤー川の水上バスがある。細い水路にも入り込める船としてロングテールボートがある。また、

穀倉地帯から、農産物を積んでチャオプラヤー川を下り、中心部の市場はもちろん、各水路に必要に応じて届ける物産の輸送も行われている。水上マーケットもこれらの水上の物流によるところが大きい。

　首都バンコクは近代的な都市の様相をもち、東南アジア経済の中心都市であるだけでなく、世界都市としての位置づけが強くなっていることは確かである。チャオプラヤー川を中心として網の目のように発達した水路網は、現在のバンコクが発展している基盤のひとつとなっており、それに対してタイ国民は等しく敬虔な気持ちで水路空間を大切に思い、神々から賦与された重要な環境要素として有効に活用していくべき対象と考えているのである。　　　　　　　　　　　　　（SA）

河畔のシンボル　チャオプラヤー川の河畔でひときわ高いシンボルとなっているのがワット・アルンである。暁の寺院とも呼ばれている。

左）河畔の寺院　ワット・ラカン・コーシターラームがチャオプラヤー川の河畔に配置されている。
右）ロングテールボート　運河の交通手段のなかで最も機動性のある船がこのロングテールボートである。

王宮　ワット・プラケオは王宮内にある格式高い寺院である。本堂にエメラルド仏があることからエメラルド寺院とも呼ばれている。

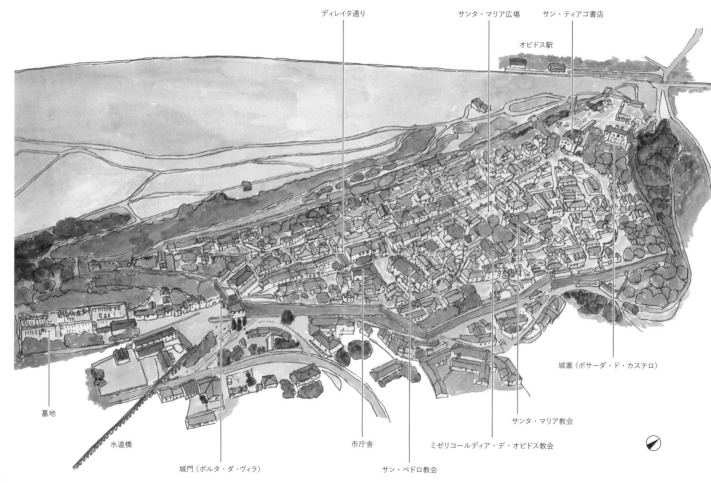

水道橋をつくる

ディレイタ通り

サンタ・マリア広場

サン・ティアゴ書店

オビドス駅

城塞（ポサーダ・ド・カステロ）

サンタ・マリア教会

墓地

水道橋

城門（ポルタ・ダ・ヴィラ）

市庁舎

サン・ペドロ教会

ミゼリコールディア・デ・オビドス教会

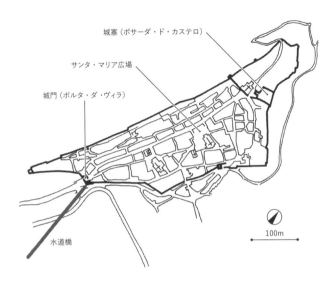

城塞 (ポサーダ・ド・カステロ)

サンタ・マリア広場

城門 (ポルタ・ダ・ヴィラ)

水道橋

100m

緩やかな丘陵地の高台に位置する小さな村で、城壁で囲まれている。城壁は細長い尾根筋に沿い長さ約640m、幅は最も広いところで205m、全周は1500mを超える。

オビドスの豆知識

オビドスの三大祭りは、春の国際チョコレート祭り、夏の中世市場、12月のオビドス・ヴィラ・ナタール（クリスマス）であるが、日程を合わせて旅を組むのはなかなか難しい。祭りの夜、村の夜景を見ながらジンジャーナを飲み、ポルトガルの旅を語らうことができたらなんて幸せであろうか！

中世の水道橋による水供給の村

ポルトガルの水道橋とオビドスの歴史

　水道橋による水の確保は、古代ローマの伝統と思っていたが、ポルトガルの水道橋は16世紀に建設されたものである。それはポルトガルを旅行して初めて知ったことである。オビドスの水道橋は16世紀で、イルヴァシュのそれは15世紀に建設がはじまり1622年に完成したもの、さらにエヴォラの水道橋は1537年に完成したもので、しかもイルヴァシュとエヴォラの設計はフランシスコ・デ・アルダが行っている。

　ポンプアップの技術が発明される以前に、水を遠方に運ぶのには水勾配で運ぶ水道橋の技術が欠かせなかった。スペインには有名な水道橋が2つある。セゴビアのアクエドゥクトと呼ばれるものと、タラゴーナの悪魔の橋と呼ばれるラス・ファレラ

オビドスのまちなみ
白壁とスペイン瓦のコントラストが美しい。そのなかに黄色、ブルーなどの原色のラインが配置されており、対照的な色使いがユニークである。

スの水道橋である。両者とも古代ローマによるもので、前者は1世紀、後者は紀元前3世紀のものとされている。

オビドスの水道橋は、ジョアン3世の妃カタリーナが資金援助をして市民の要望に応えて建設されたという。サンタ・マリア広場の泉に水を供給する目的で建設されたというが、現在は残念ながら機能していない。

王妃に贈られた小さな村

初めてオビドスを訪れたのは1982年8月快晴の日で、コバル

城門前の広場
「谷間の真珠」あるいは「中世の箱庭」と呼ばれた城壁で囲われた小さな村の城門。

トブルーの空に白壁が映える城壁で囲われた小さな村との感動的な出会いであった。そして、ポルトガル王デニス1世が王妃イザベルとの新婚旅行で訪れた折に、王妃が気に入ったので村をプレゼントしたとの逸話を知り、なおのことオビドスの美しさが増したように感じた。

オビドスは「王妃の村」として王妃の直轄地（1228年から1833年まで）となったという。その美しさにより「谷間の真珠」「中世の箱庭」などと呼ばれていた。

城門（ポルタ・ダ・ヴィラ）上部アズレージョ（ポルトガルの装飾タイル）の青い美しい壁面が迎えてくれる。門を入ってメインストリートのディレイタ通りを進むと、白壁の建物の縁に青や黄色のラインがアクセントとなった独特なデザインが目に入る。土産物屋が人で賑わっているが、そのなかでオビドスの名物ジンジャーナ・デ・オビドス（さくらんぼの果実酒）をすすめられる。

オビドスの主な教会は3つある。城門に一番近い教会がサン・ペドロ教会でその南側に市庁舎がある。2つ目はミゼリコールディア・デ・オビドス教会、3つ目はサンタ・マリア教会である。

サンタ・マリア教会は、ディレイタ通りの中央部分に位置するサンタ・マリア広場に面する。この広場には石の柱ペロウリーニョが立っており、昔罪人を晒した柱と伝えられる。ディレイタ通りの北端には教会の建物を利用したサン・ティアゴ書店

があり、その隣には城塞の入り口がある。城門から北の城塞までの距離は約400mであり、いかにこのオビドスが小さな規模であるかがわかる。城塞は国営の宿泊施設（ポサーダ・ド・カステロ）となっているが、室数が少なく、予約しないと泊まれない。もっとも私たちは安宿を泊まり歩いているので、ポサーダには泊まりたくても泊まれない状況であった。

　オビドスは全体が城壁で囲われており、それが保存されている事例で、城壁の上を歩くことができたが、先を急がなければならない私たちは後ろ髪を引かれる思いでオビドスを後にした。

（SA）

左）村に導入されている水道橋
カタリーナ王妃が資金を出して16世紀に建設され、サンタ・マリア広場の泉水に引かれたという。
右）城門の内側の風景
左側の通りがディレイタ通りでメインストリートとなっている。

左）ペロウリーニョ
サンタ・マリア広場の一角にある罪人を晒した柱である。
上）サンタ・マリア広場とサンタ・マリア教会
城門から延びるディレイタ通りを行くとサンタ・マリア広場に至る。

村全体を囲む城壁が保存されており、城壁の上を歩いて回れる。

水道橋をつくる

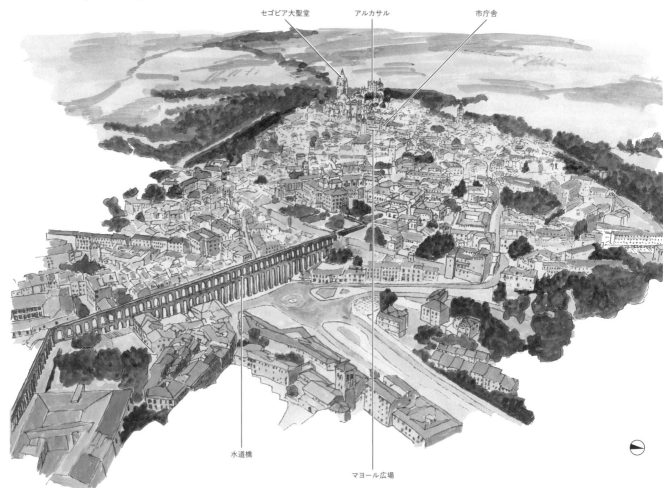

セゴビア大聖堂　　アルカサル　　市庁舎

水道橋

マヨール広場

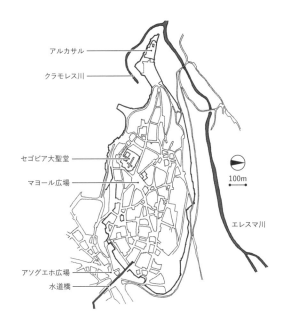

アルカサル
クラモレス川
セゴビア大聖堂
マヨール広場
エレスマ川
アソグエホ広場
水道橋

100m

旧市街は2本の川に囲まれた高台にあり、その中央部にはセゴビア大聖堂とマヨール広場がある。アルカサルは旧市街西端に位置する。アルカサルとはスペイン語で城を意味し、セゴビアのそれはローマ時代要塞が建築されていた場所に、岬の砦のような地形を活かして13世紀に築かれたものである。

セゴビアの豆知識

地図を見ると水道橋は旧市街の入り口で道路と交差している。以前はこの水道橋の足下を馬車が行き交い、20数年前までは観光バスも通り抜けていた。現在この場所はアソグエホ広場となっていて一般車両は通り抜けることができない。道路に立ちはだかるように登場する水道橋は今日、観光都市となったセゴビアを象徴するかのような存在である。

水道橋が運んだ水と歴史

水道橋建設は悪魔の仕業

　1995年モロッコからジブラルタル海峡を渡り、ポルトガル、スペインと旅を続けた。セゴビアはその旅の終盤、マドリードへと向かう途中の都市であった。旧市街の中心を目指す私たちの車窓に突如巨大な石造の水道橋の姿が飛び込んできた。水道橋といえば遺跡だろうが、とても遺跡には見えない。大きさもさることながら現在も美しいアーチを構えたその姿は衝撃的であった。

　それから2年が経ったある日の夜、偶然見ていたテレビの世界遺産番組に映し出されたセゴビアの水道橋、空撮されたそれは自分の予想をはるかに超えたスケールをもっていた。全長800mを超える壮大な建造物が2000年も前に人の手によってつくり出

セゴビアのまちと水道橋の遠景
水道橋は高低差のある都市の上空をつないでいる。最も水道橋の高さが現れているところがアソグエホ広場である。

されていたというのである。訪問時、足下から見上げていた水道橋とはまた異なる都市スケールの構築物がそこにはあった。

　ローマ帝国はこの水道橋の建設によって水を確保すると同時に、強大な権力を人々に見せつけた。セゴビアはローマ帝国にとってサラゴサとメリダを結ぶルートの中間に位置する重要都市であった。先住民たちはこの偉大な水道橋建設を通して、次第にローマ化していった。水道橋建設には単に水の確保だけではなく、政治的な意味があったのである。

　その水道橋の建設にはひとつの伝説がある。川から水を運ぶ仕事に不満をもつ少女の怠惰な思いが悪魔を呼び寄せ、悪魔は少女の魂と引き換えに夜明けの鶏が鳴くまでに水道橋を引いてやると言い、少女は危うく命を失いかけたというものである。

伝説では少女が悪魔との約束を後悔し神に祈り、悪魔が最後のひとつの石を積む前に鶏が鳴き魂を売らずに済んだという。結果、水道橋は最後の石ひとつを残した状態となった。旧市街の入り口アソグエホ広場で水道橋を見上げると、中段にマリア像が納められた窪みがある。そこが悪魔の残した石ひとつの部分とされている。

　人々にとって巨大な水道橋建設は、もはや人のなせるものではなく悪魔の仕業と思えるくらいの事業であったのである。

スペインの歴史を支えた水道橋

　セゴビアはスペインの歴史上非常に重要な地である。

　イベリア半島は8世紀からイスラーム教徒によって支配され

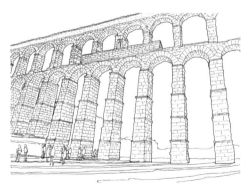

アソグエホ広場で見上げた水道橋
中段に見えるマリア像が悪魔の残した最後の石の部分といわれている。

左）旧市街の泉
コルプス広場の泉では子どもたちの遊ぶ姿が見られた（泉は現存しない）。

中左）セゴビアのアルカサル
崖の上にそびえるアルカサルは古代ケルト人の城の跡に建てられた。15世紀はイサベル1世の居城としてスペインの中心地であった。

中右）旧市街入り口の水道橋
イサベル1世が修復したという上部はアーチ部分と仕上げが異なっていることがわかる。

右）セゴビア大聖堂の遠景
後期ゴシック様式で、建設には50年以上の年月がかけられた。大聖堂正面はアルカサルの方向に向き、小尖塔が林立する後陣側にはマヨール広場がある。

ていた。その征服された国土を回復しようと、8世紀から15世紀まで約780年にわたり主としてキリスト教徒スペイン人が民族的運動レコンキスタを行った。イスラーム最後の拠点グラナダを征服し国土回復運動を完了させたのが、イサベル1世とフェルナンド2世の夫婦王である。

カスティリャ王国のイサベル1世は1474年戴冠式のため、このセゴビアのアルカサル（城塞）からマヨール広場のサン・ミゲル教会へ向かったとされている。

イサベル1世が即位後、まず手がけたのが水道橋の修復であった。元々の水道橋は接着剤を使わず花崗岩を積み上げて形成されている。イサベルの命によって行われた修復は、その上部の溝の部分を小石とセメントで固めた。現在の水道橋でも上部がアーチ部分と異なる仕上げとなっているのはこのためである。女王にとってカスティリャ王国の主要都市であったセゴビアでの水の確保は重要課題であったのである。

イサベル1世はコロンブスの新大陸発見を援助したことでも知られる。水道橋によるセゴビア・アルカサルへの水の確保はイサベル1世の統治を支えることになり、スペインの大航海時代、黄金期をもたらすことにもなったのである。

水道橋の水は旧市街に入ると地中の水路を流れ、西端の要塞まで到達していた。水道橋は建設から2000年もの間、さまざまな歴史の舞台となったこの地を支えてきた。かつて先住民たちがその圧倒的な迫力と権力に驚いたのと同じように、現代の私たちもまた水道橋の足下で驚嘆の声を漏らすのである。(TK)

水道橋をつくる

市庁舎

ノッサ・セニョーラ・ダ・アスンサオン教会

ペロウリーニョ

イルヴァシュ城

イングレーゼス墓地

アモレイラ水道橋

レプブリカ広場
（共和国広場）

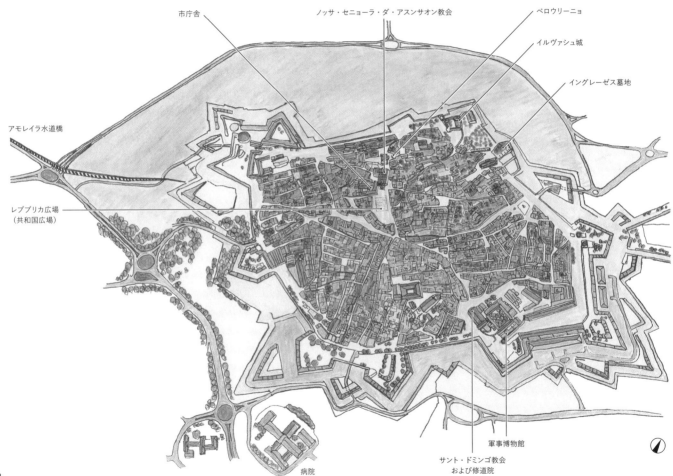

サント・ドミンゴ教会
および修道院

軍事博物館

病院

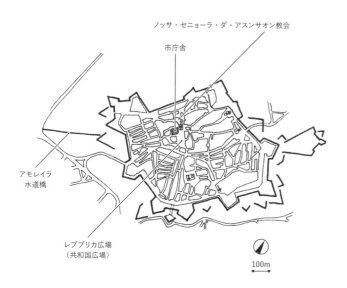

ノッサ・セニョーラ・ダ・アスンサオン教会

市庁舎

アモレイラ
水道橋

レプブリカ広場
（共和国広場）

100m

7つの稜堡と2つの出城の要塞で構成されるイルヴァシュはスペインに対する防衛都市として機能してきた。稜堡とは大砲による攻撃の死角をなくすために考案され、中世ヨーロッパで発展した城塞の防衛施設であった。さらに防衛体制として北側1150mにノッサ・セニョーラ・ダ・グラーサと南側650mにサンタ・ルジーアの2つの要塞が配置されている。

イルヴァシュの豆知識
イルヴァシュは肥沃な土地を利用したオリーブやプラムの生産が有名で、ブランデーの蒸留も行っており、土産物とされている。また陶磁器の生産も行われており、ブランデーの容器としても活用されている。

星形要塞都市とアモレイラの水道橋の都市

ポルトガルからスペインの国境へ車を走らせていたときにイルヴァシュとの出会いが突然やってきた。31mの高さの巨大構造物との対面はきわめて異常な体験であった。自立する壁面は厚さと太さを兼ね備えた柱（部分的に円柱）に支えられ、それらを連結するアーチ状の梁が四層重なっている構造物が道路上を支配しており、一瞬どこを走ったらよいか迷う錯覚を覚えた。これがアモレイラの水道橋である。

要塞都市の歴史
イルヴァシュはポルトガルのスペイン側の国境から15kmに位置し、グアディアナ川の北西8kmの丘の上にあり、国境警備上重要な都市である。

水道橋との出会い
イルヴァシュにアプローチするときにこの水道橋が建ちはだかる。

イルヴァシュの歴史は古代ローマに遡るが、ローマ時代の都市の遺跡や防衛施設はほとんど残されていない。イルヴァシュの現在の姿は、1166年アフォンソ1世がムーア人から都市を奪還した後の歴史といってもよいであろう。スペインとの国境地帯で防衛施設が現在のように整えられたのは1643年以降に建設されたものである。これはポルトガル王政復古戦争と重なっている。その後一時スペイン領となる時代もあったが、国境の戦略上の要衝としての機能を担っていた。ナポレオンがポルトガルに侵入した折にもイルヴァシュを落とせなかったほど防衛体制がしっかりしていた。

イルヴァシュの水の確保にはアモレイラの水道橋が意味をもっていた。水道橋の建設は15世紀にはじまり1622年に完成したが、現在でも稼働しているということが驚きである。水道橋の設計を担当したのはフランシスコ・デ・アルダである。

道路標識に従って走ると自然にイルヴァシュの城壁内に導入される。イルヴァシュの入り口が3か所に限られていることは要塞都市として当然のことであろう。まちの中心広場はレプブリカ広場（共和国広場）でマヌエル様式に改築された旧司教座教会ノッサ・セニョーラ・ダ・アスンサオン教会が正面の施設として位置づけられており、その西側にイルヴァシュの市庁舎

中央の広場
レプブリカ広場にはノッサ・セニョーラ・ダ・アスンサオン教会と市庁舎が面する。

アモレイラの水道橋
15世紀から17世紀初頭にかけて建設された。現在も稼働している水道橋で、イベリア半島最大規模である。

がある。イルヴァシュ城は星形城塞都市の北端角にあり、イングレーゼス墓地が近接している。まちの南側に軍事博物館がある。

　星形城塞の内側は白壁とスペイン瓦に覆われた美しいまちの風景が続いており、内側にいるとこれが難攻不落の城塞都市であることを忘れてしまう。中心広場の北側に罪人の晒し首の柱（ペロウリーニョ）がある。

現在も使われる水道橋

　アモレイラの水道橋の名称は水源の名前をとっているという。

21世紀の現代でも上水道として機能していることは、都市イルヴァシュの知名度を高めている要素となっている。2つの出城と星形要塞がきわめて堅固な防衛機能を有していたことにより、ポルトガルにとって国境の重要な防衛ラインであったことがうかがえる。

　イルヴァシュの世界遺産登録には、現在でも機能しているアモレイラの水道橋と、オランダの技術が導入された星形要塞が、共に核となる要素とされたことは確かである。それと周辺の2つの要塞と3つの小要塞がその構成に加えられている。　（SA）

左）ペロウリーニョ　教会の後ろ側にペロウリーニョが立つ。罪人の晒し首の柱である。
中）ノッサ・セニョーラ・ダ・アスンサオン教会　15世紀頃に建設されたゴシック様式の教会であり、マヌエル様式に改築された。
右）レプブリカ広場にある観光案内所の入り口で特徴的な建築である。

09 チェスキー・クルムロフ ［Český Krumlov / チェコ］

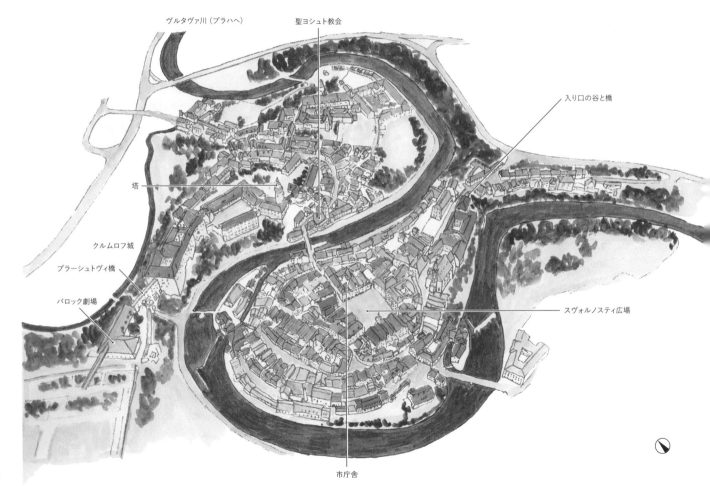

ヴルタヴァ川 (プラハへ)

聖ヨシュト教会

入り口の谷と橋

塔

クルムロフ城

プラーシュトヴィ橋

バロック劇場

スヴォルノスティ広場

市庁舎

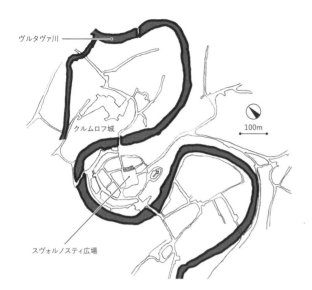

ヴルタヴァ川

クルムロフ城

100m

スヴォルノスティ広場

チェスキー・クルムロフはヴルタヴァ川がS字に湾曲している部分につくられたまちである。ひとつめの屈曲部の都市生活領域は、ヴルタヴァ川の最も狭まった入り口部分に谷と橋を設けてまちを守る体制をつくっている。まちの中央部の高台に広場があり、中心施設の市庁舎が置かれている。もうひとつの屈曲部の城の部分からは、まちを常に監視できる体制をつくり、守りを固めている。

チェスキー・クルムロフの豆知識

チェスキー・クルムロフは重要な文化の中心地であるため祭りや各種のイベントが行われている。そのなかで有名な祭りとして五弁のバラ祭りを挙げることができる。このときまちは歩行者天国となり、芸術家、音楽家、職人など地元の人々が中世の姿に扮装してまちに繰り出す。これに合わせて伝統ある民族舞踊や催しなどが行われる。最後を飾るのが城で行われる花火大会である。

ヴルタヴァ川の屈曲部に計画したまちづくり

川の屈曲部を利用したまちづくり

チェスキー・クルムロフはヴルタヴァ川の屈曲部を利用して城とまちとが区分され配置されている。クルムロフとは「川の湾曲部の湿地帯」を意味する。1975年に初めてこのまちを見たとき、なんと上手く地形を利用して防衛体制を組みあげたのだろうかと感嘆したものであった。チェコ入国の次の機会は1990年であったが、行程の関係でチェスキー・クルムロフまで足を延ばすことができなかった。次のチェコへの入国は1998年であった。チェコは美しいまちがたくさんあり、できるだけ多くの新しいまちを見たいということで、このときも訪れることを敬遠した。そして2009年になって、やっと訪れる機会をつくることができた。

クルムロフ城の塔からまちを見る
手前の塔が聖ヨシュト教会の鐘楼である。奥は聖ヴィート教会の鐘楼である。眼下には屈曲したヴルタヴァ川が見える。

まちの歴史と世界遺産登録

　ここは標高500m前後の南ボヘミアのまちで、ヴルタヴァ川沿いの通商路に13世紀後半からまちの建設がはじまった。ボヘミアの貴族ローゼンベルク時代にはルネサンス様式の建築が多く建設されたが、その後次々と貴族が交代していった。第一次世界大戦後チェコスロバキア領となり、正式にチェスキー・クルムロフとなった。第二次世界大戦後荒廃状態となり、1948年共産主義化に伴い歴史的建造物が否定された時代を経て、プ

城門展望台からの景観
クルムロフ城の塔と手前の聖ヨシュト教会の鐘楼とが重なって見える。聖ヨシュト教会の手前が屈曲したヴルタヴァ川となっている。

ラハの春で歴史遺産の価値を認めるようになり、観光化が進んだ。1992年ユネスコの世界遺産に登録されてから人気の観光地となっていった。クルムロフ城はチェコでプラハ城に次ぐ2番目の大きさである。

ヴルタヴァ川とまち

　ヴルタヴァ川はチェコ国内最長の川でボヘミア盆地の水を集め、チェスキー・クルムロフ、チェスケー・ブジェヨヴィッツェを経由し、プラハを通って北ドイツ平原に流れだし、エルベ川に合流している。さらにドレスデン、マクデブルク、ハンブルクなどの都市を経由して北海に抜けていく。チェスキー・クルムロフの位置でS字に湾曲し、最初の曲がりで都市生活領域を囲み、次の曲がりでクルムロフ城を囲んでいる。2つの部分は橋でつながり、守り守られの相互扶助の関係を保っている。

まちへのアプローチ

　私たちは最初、都市領域部分の入り口脇に車を止めてアプローチをし、すぐに展望場所で都市の全体像を写真に収めた。さらに細街路を進み、都市部の中心広場に出た。スヴォルノスティ広場である。北側に位置する市庁舎は、インフォメーションを兼ねており、なかの一部が拷問博物館となっている。広場の南角にペストの記念柱があり、噴水が付属している。そこから人

の流れに従って進むと自然とクルムロフ城に至る。城の塔からは360度の展望がひらけ、ヴルタヴァ川の湾曲した姿をとらえることができる。まちに対してクルムロフ城がかなり大規模で不釣り合いであるが、それだけ守りの体制が完璧であったことがうかがえる。また、クルムロフ城にはもうひとつ注目する対象がある。それはバロック劇場である。これは1766年に完成した城内劇場で、機械仕掛けの舞台装置を備えた宮廷劇場である。現在でも定期的に公演を行っていることは、その文化が伝承されていることを示している。

　まちは2002年8月にヴルタヴァ川の大氾濫を経験している。

（SA）

左上）スヴォルノスティ広場
まちの中央の広場である。前方のアーケードがある建物は市庁舎である。現在は一部が拷問博物館となっている。
右上）ヴルタヴァ川
まちを取り囲むヴルタヴァ川。左手には現在ホテルとして使われている建物の塔が見える。
下）プラーシュトヴィ橋
谷を挟んで宮殿と劇場を結ぶ橋である。

ヴルタヴァ川と城の塔
左側がクルムロフ城で、橋の先がまちへつながる。ヴルタヴァ川でボート遊びを楽しむことができる。

10 トレド ［Toledo / スペイン］

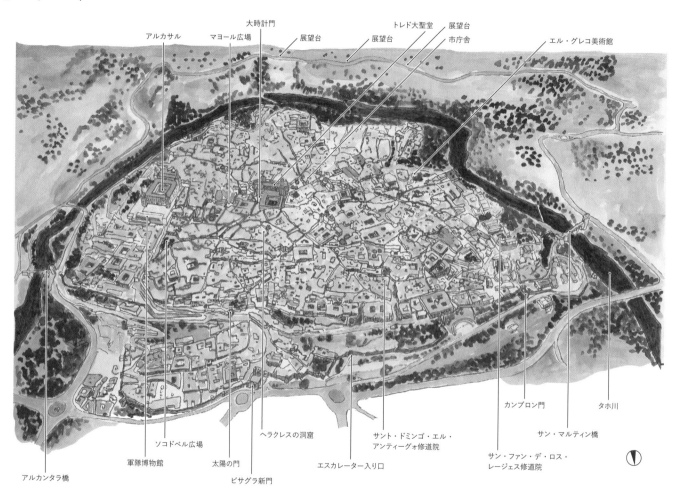

屈曲河川が守る

アルカサル

マヨール広場

大時計門

展望台

トレド大聖堂

展望台

展望台

市庁舎

展望台

エル・グレコ美術館

ソコドベル広場

軍隊博物館

太陽の門

ビサグラ新門

ヘラクレスの洞窟

エスカレーター入り口

サント・ドミンゴ・エル・
アンティーグォ修道院

サン・ファン・デ・ロス・
レージェス修道院

カンブロン門

サン・マルティン橋

タホ川

アルカンタラ橋

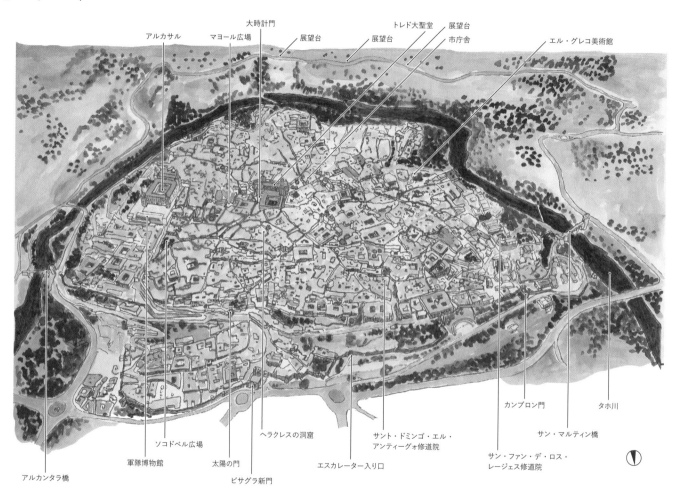

50

タホ川の右岸で高く盛り上がった丘部分に立地し、河川と城壁で囲われた防衛体制を確保している。丘の最高位にその威容を見せるアルカサルを配置し、まちの中心に大聖堂と市庁舎を置いている。道路の配置形式は4世紀にわたるイスラームの支配の影響により細街路と複雑な迷路状をなしている。

トレドの豆知識

ギリシャ出身の画家エル・グレコは36歳のときにスペインに渡り、トレドに定住した。祭壇画をはじめとする絵画制作を志し、トレドのまちとその大司教区にあたる修道院、礼拝堂の依頼を引き受けるようになった。その有名な作品はトレド大聖堂の聖具室に飾られている。

タホ川の屈曲部にはめ込まれた都市

　1982年8月6日マドリードで2日過ごした後、セゴビアに向かう前にトレドを往復した。川に囲まれたトレドへは、まちに入る手前で対岸の高台から乾燥の大地と文化融合の歴史を感じさせる眺望を楽しむことができた。トレドは8世紀から11世紀はイスラーム勢力が支配していたが、1085年アルフォンソ6世が奪還した。その後、1492年にイベリア半島のレコンキスタが完了しイスラームを完全に駆逐するまでは、トレドでは、イスラーム教徒、ユダヤ教徒、キリスト教徒の混ざり合った住民の時代が400年ほど続き、その影響は大きなものがあった。

タホ川とまちの構成

　タホ川はイベリア半島最長の河川で、ポルトガルに入ってテ

タホ川とトレド
トレドの旧市街はタホ川の屈曲部に位置する。最高位にアルカサル、その左側にトレド大聖堂の鐘楼がそびえている。

ージョ川と呼ばれ、リスボンが河口となっている。

　私たちはまずタホ川の左岸で南側の展望地に行き、都市の全貌を把握した。目に飛び込んできたのは、高台にそびえるアルカサル（城塞）であった。西側にはトレド大聖堂の鐘楼が見える。これらはいずれもキリスト教時代の施設であり、レコンキスタ以降に建設されたものである。しかし、文化の状況は後述するムデハル文化の芸術が開花したといわれている。都市の形態も細街路が多く、迷路状の道路網が全体を覆っている。

　タホ川は東から流れ、南側に湾曲した部分にトレドは形成されている。三面を自然の要塞で囲み、北側のみ城壁を築くことで守りの体制が完成した。北側にビサグラ新門を配して導入路としている。一方タホ川を渡る橋はアルカンタラ橋とサン・マルティン橋の2つがあり、いずれも中世期に建造されている。私たちは正面のビサグラ新門に回って、まずはアルカサルに向かった。アルカサル手前のソコドベル広場は、常に賑わいを見せているトレドの中心広場である。アルカサルの歴史は古く3世紀にローマ帝国の宮殿として建てられた。王城となったのはカルロス1世による1535年の修復後である。スペインの内戦でかなり破壊されたが地下部分は現在まで残ったようである。その後の修復で現在の姿となっている。トレドの最高位に建てられているので、どこからでもその威容と巨大さを見ることができる。

　アルカサルからまちの中心のトレド大聖堂に向かう。開館の

時間前であったため、大時計門で少し待ってから入ることができた。ここは1493年に完成したゴシック様式の大聖堂であり、なかでも聖具室のエル・グレコの『聖衣剥奪』や『十二使徒』などが必見の絵画である。正面の免罪の門に出ると、そこは市庁舎前広場で左手には裁判所があり、市庁舎正面には国旗が掲揚されていた。

　大聖堂の裏手にマヨール広場があるが、他の都市のように大広場ではなく小さな広場で、広場に面した施設は劇場と市場施設である。

トレドの水環境

　現在水道は完備しているようだが、古代ローマ時代からトレドの地下には水供給の貯水槽がつくられていたということを、帰国してから知った。しかし私有地のため見学にはガイドが必要ということのようで、ヘラクレスの洞窟がその入り口にあたるという。タホ川に囲まれているトレドの地形を見ると川の水面へはかなりの落差があると思われるので、このような井戸があったことは確かで、次回トレドに行くことができたときには確認したい事項である。

ムデハル様式

　ムデハル芸術はトレドが起点となって各地に伝搬したとされ

るが、それはイスラーム美術やユダヤ教美術、それにキリスト教美術が融合して生まれた芸術様式である。その後レオン、アビラ、セゴビアなど各都市に広がった。トレド旧市街の教会だけでなく、アルカンタラ橋の西詰の塔にもムデハル様式を見ることができる。他の都市で特に注目すべきはテルエルのまちに建てられた塔の装飾である。（SA）

市庁舎前広場
トレド大聖堂の南西側に市庁舎前広場がある。トレド大聖堂と市庁舎共通の広場である。

ビサグラ新門
トレドの北側の導入口であるビサグラ新門。双頭の鷲とスペイン帝国の紋章を組み合わせたレリーフがある。

左）ソコドベル広場
トレドの憩いの広場である。歴史ある広場で、現在はカフェなどが並び賑わいを見せる。
右）トレド市庁舎
正面の2本の塔をもつ建物が市庁舎である。

11 ヴェローナ ［Verona / イタリア］

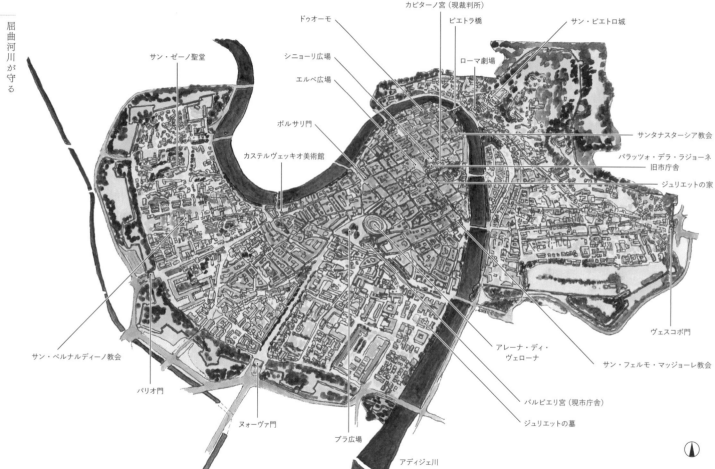

サン・ゼーノ聖堂

ドゥオーモ

シニョーリ広場

エルベ広場

ポルサリ門

カステルヴェッキオ美術館

カピターノ宮（現裁判所）

ピエトラ橋

ローマ劇場

サン・ピエトロ城

サンタナスターシア教会

パラッツォ・デラ・ラジョーネ
旧市庁舎

ジュリエットの家

ヴェスコボ門

サン・ベルナルディーノ教会

バリオ門

ヌォーヴァ門

ブラ広場

アディジェ川

アレーナ・ディ・
ヴェローナ

バルビエリ宮（現市庁舎）

ジュリエットの墓

サン・フェルモ・マッジョーレ教会

旧市街の最も古いエリアはアディジェ川の大きく湾曲した内側部分である。直交する道路網を基盤に高密度な居住区が形成された。この場所から都市領域は時代とともに拡大し、図中の城壁ラインは19世紀ハプスブルク家支配時、五角形の要塞が設けられたものである。湾曲した河川を中心に都市領域が拡大していることがわかる。

河川に囲まれた高密居住区都市

senso unicoのまち

　最初に覚えたイタリア語はBuon giorno（ボン・ジョルノ、こんにちは）やGrazie（グラッツエ、ありがとう）といった一般的な挨拶用語であったが、おそらくその次はsenso unico（センソ・ウニコ、一方通行）だったように思う。イタリアの歴史ある都市の旧市街はこのsenso unicoが多く、車両で一度足を踏み入れてしまったなら次から次へとやってくるsenso unicoの標識に翻弄されることになる。

　ヴェローナ旧市街はローマ時代、北側は河川の湾曲を天然の城壁とし、南側を城壁と門で固めたまちである。河川によって外周が決まっている旧市街はそのなかで高密度な居住域が発展した。現在も街路の幅員は狭くsenso unicoだらけである。

アレーナ・ディ・ヴェローナ
ローマ時代の円形闘技場は現在でも野外劇場として使われている。

1994年私たちは9人乗りのワゴン車でこの旧市街に乗り入れてしまった。当然のことながら曲がりたい角を曲がれず、思う方向とは逆の方向に進むこともしばしば、次から次へとやってくるsenso unicoの標識に町中を引き回されたのである。どうにかエルベ広場北側のホテルに泊まることはできたが、翌日はまたsenso unicoの旧市街を抜けることに必死でアディジェ川の雄大な流れなど目にすることなくまちを出てしまった。

コンパクトシティ　ヴェローナ

シェイクスピアの戯曲「ロミオとジュリエット」で、追放されたロミオは「ヴェローナの城壁の外に世界は存在せず」と語っている。愛するジュリエットと引き離されたロミオがその悲壮な思いを述べた台詞であるが、ヴェローナという都市の完全さを表現する一文でもある。

ヴェローナ旧市街の最古部分は底辺1km高さ1.2kmほどの三角の形をしている。徒歩で十分に見て回れる大きさで、そのなかに行政の中心、宗教の中心、そして娯楽施設という生活に必要な都市要素が詰め込まれた、まさにコンパクトシティだったのである。

旧市街の中心はエルベ広場である。ここはローマ時代に計画された東西、南北の幹線道路が交差する地点で、公共広場フォルムがあった場所である。かつて野菜とハーブが売られていた

のでエルベ（ハーブ）と名づけられた。現在でも広場には多くの露店が並び観光客を楽しませている。エルベ広場のシンボル、ランベルティの塔の足下から抜ける路地の先にはシニョーリ広場がある。こちらもローマ時代につくられた広場である。12世紀の市庁舎、裁判所、政庁舎が囲み、この場所が都市の中心機能を担ってきたことがわかる。

また旧市街北端にはドゥオーモ（大聖堂）がある。ドゥオーモとは司教座のある聖堂のことで、司教区を統括する役割をもつ。つまりヴェローナだけでなく周辺地域の宗教的中心である。

旧市街南端にあるアレーナ・ディ・ヴェローナ（円形闘技場）は1世紀の建造とされる。アレーナはラテン語で砂の意味で、中央部平土間部分に敷き詰められていた砂に由来する。かつて

アディジェ川に架かるピエトラ橋
旧市街の北端に架かるピエトラ橋は古代ローマ時代に起源をもつ。旧市街の対岸アディジェ川の左岸サン・ピエトロの丘には古代の城や劇場が築かれた。

は人間対人間、人間対猛獣の闘技が行われていた。44段の階段席には2万2000人を収容することが可能で、現在では毎年オペラや野外劇をはじめ、さまざまなイベントが開催されている。

人が歩くためのまち

　ヴェローナの名を知ったのは学生時代の欧州旅行であった。ローマからヴェネツィアへ向かう列車で偶然乗り合わせた日本人がヴェローナにはジュリエットの家がある、と話してくれた。

遠い国の話と思っていた舞台がすぐそこにある。心惹かれたがこのときは列車を降りず先を急いだ。なぜなら私はその日の朝までローマの病院に入院していて、先に旅を進めていた友人たちに追いつかなくてはならなかったのである。しかし、もしこのときヴェローナで列車を降りて旧市街を歩いていたなら、アディジェ川の流れとその内側に広がる密集した居住域の対比を自分の目で見て足で体験することができただろう。ヴェローナ旧市街は人が歩くためのスケールでできているのである。(TK)

左）マドンナ・ヴェローナの噴水　エルベ広場にはまちを擬人化したマドンナ・ヴェローナの噴水がある。手にした巻物には「正義を貫き、褒め言葉を愛するまち」という碑文が刻まれている。奥には翼のある獅子が載るサン・マルコの円柱が見える。
中）旧市街の井戸　エルベ広場の裏手マッザンティ通りには狭い路地の中央に井戸がある。
右）シニョーリ広場　エルベ広場の北側に位置する。歴史的建造物に囲まれ、中央にダンテの像が立つ。

海洋に展開する

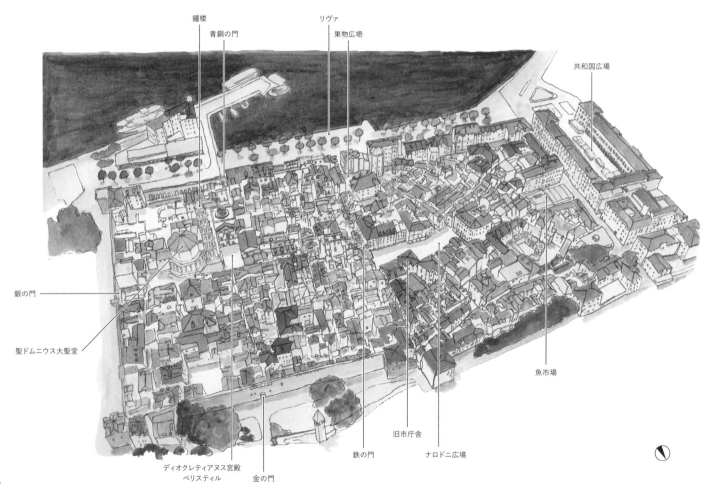

鐘楼
青銅の門
リヴァ
果物広場
共和国広場
銀の門
聖ドムニウス大聖堂
ディオクレティアヌス宮殿
ペリスティル
金の門
鉄の門
旧市庁舎
ナロドニ広場
魚市場

ディオクレティアヌス宮殿
鉄の門
青銅の門
銀の門
金の門
ペリスティル
聖ドムニウス大聖堂
ナロドニ広場

50m

宮殿の敷地は、東西180m、南北215mの長方形で、街区を四分割する十字路とその通りにつながる4つの門を配する。門は、海からの玄関となる青銅の門、山側の金の門、西の市街地に通じる鉄の門、東の聖ドムニウス大聖堂と向き合う銀の門であり、いずれもまっすぐに中央の広場ペリスティルへと通じる。

スプリットの豆知識

城壁沿いのリヴァに並ぶカフェに座り、ゆったりと海を眺めるのもよいが、大聖堂の鐘楼からの眺望も見どころである。13世紀から建設のはじまった鐘楼は高さ57mで、塔頂まで階段で上ると壮大な景色が広がり、スプリットのまちなみとアドリア海の双方を見下ろすことができる。

宮殿からアドリア海の港湾都市へ

　今から30年前の1990年夏、東欧の民主化の激動から約1年が経った地を、第1回都市広場調査として8人の調査メンバーで訪れた。20世紀末、社会主義圏として長く西欧と隔絶した世界は突然、壁が取り払われ、身近な存在となった。ヨーロッパがひとつになろうとする前の時代である。ドイツのフランクフルトから出発し、東ドイツのベルリンを見学後、ポーランド、チェコスロバキア、ハンガリーの中世の面影が残る都市を調査して回った。プラハのヴァーツラフ広場では銃弾跡が残る建造物を目にし、激動の一端を感じる調査となった。そんななか、ハンガリー南西部のペーチからユーゴスラビア（現クロアチア）の国境へ向かう途中、立ち寄ったスーパーでユーゴスラビアの青年に声をかけられた。私たちがこれからユーゴスラビアの都

旧市街からアドリア海を望む
聖ドムニウス大聖堂の鐘楼から旧市街越しに港とアドリア海を望むことができる。

市を巡ることを告げると、自分たちの国はこれから大きな争いが起こるだろうと話してくれた。

当時はまだユーゴスラビアというひとつの国であり、「7つの国境、6つの共和国、5つの民族、4つの言語、3つの宗教、2つの文字、1つの国家」と称されていた。その後、民族、宗教、政治などが複雑に絡み合い、1990年代に独立をめぐって激しい紛争が繰り広げられることとなる。青年の言葉が気にかかりながら、サラエボ、モスタルを調査後、山を抜け、アドリア海

ペリスティル
ディオクレティアヌス宮殿内の広場ペリスティルは、4つすべての城門からまっすぐに通じる中央部に位置している。列柱が広場を取り囲み、聖ドムニウス大聖堂が隣接する。

へと向かった。眼下に広がるアドリア海の真っ青に輝く水面や島々の景色からは、その後、紛争が起こることはまったく感じられなかった。アドリア海の真珠とも評されるドゥブロヴニクの中世のまちなみが銃弾を浴びることになるとは思いも寄らぬことであった。私たちはドゥブロヴニクから入り組んだ海岸線をヴェネツィアを目指して西へ進み、アドリア海最大の港町スプリットへと入った。

ローマ皇帝ディオクレティアヌスの宮殿

スプリットはローマ皇帝ディオクレティアヌスが建設した宮殿をもとに発展した都市である。宮殿はこの地方出身の皇帝が引退後の離宮として295年から305年にかけて建設した。旧宮殿内の広場ペリスティルは列柱に囲まれ、東側には大聖堂と鐘楼がそびえる。大聖堂はディオクレティアヌスの霊廟であったものを7世紀に改築したもので、聖ドムニウスの棺を安置し、聖ドムニウス大聖堂とも呼ばれている。

古代の宮殿が今も旧市街として活かされているのは、7世紀にサロナという近郊のまちの市民がスラブ系民族の攻撃を受け、この離宮内に避難し住み着いたことにある。宮殿を基礎にしながら建物を増築し、宮殿の外へと市街地を拡張していく。宮殿は1979年に「スプリットの史跡群とディオクレティアヌス宮殿」としてユネスコ世界遺産に登録された。

広場と海を望む歩行者空間リヴァ

　鉄の門の西側にピアッツァと呼ばれるナロドニ広場（人民広場）がある。この辺りは13世紀に宮殿の外に拡張された最初の居住エリアであり、広場は市民生活の中心的役割を担ってきた。広場にはゴシック様式の旧市庁舎と時計塔が面し、カフェはくつろぐ人々で賑わいを見せている。ピアッツァから南側へ路地を抜けていくと八角形の塔が建つ広場がある。以前、村の女性たちが果物を売る場所であったことから通称、果物広場と呼ばれている。塔は15世紀にまちを守るためヴェネツィアによって建てられたもので、ドゥブロヴニクを除いてアドリア海沿岸がヴェネツィア共和国の一部であったことがうかがえる。

　青銅の門が面する海岸沿いにはリヴァと呼ばれるプロムナードが位置する。宮殿建設当初、青銅の門は海に接し、リヴァのある場所は海であった。現在はカフェが並び、リヴァの西端に位置する共和国広場と共に港を眺める歩行者空間へと整備された。　　　　　　　　　　　　　　　　　　　　　　　　（YT）

ナロドニ広場と鉄の門
市民生活の中心的役割を担ってきた広場であり、旧市庁舎が面する。写真中央に見える時計塔の横に鉄の門があり、かつての宮殿への入り口となっている。

リヴァ
海からの玄関、青銅の門がある城壁に沿って整備されたプロムナードがリヴァである。海辺に面した歩行者空間にはオープンカフェが並ぶ。

宮殿跡は観光と生活空間へ
1990年訪問時の風景である。かつてのローマ皇帝の離宮は7世紀に近郊のまちから市民が宮殿内に避難し、住み着いたことから現在へとつながる。

13 シラクーザ ［Siracusa / イタリア シチリア島（オルティジャ島）］

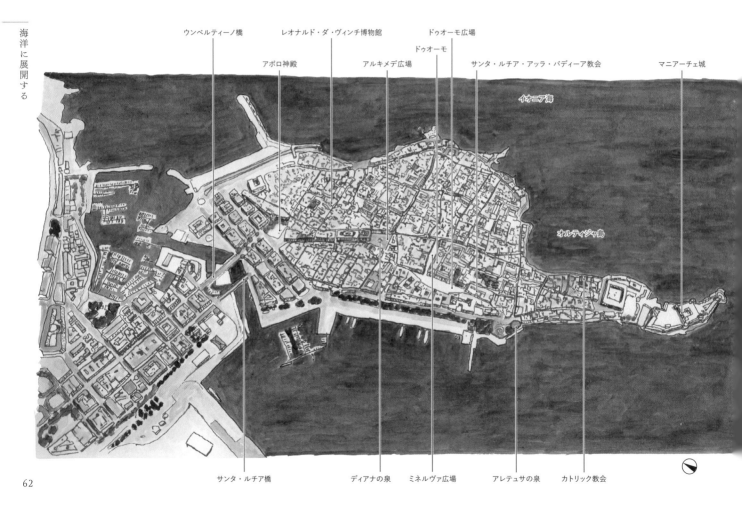

海洋に展開する

ウンベルティーノ橋
レオナルド・ダ・ヴィンチ博物館
ドゥオーモ広場
アポロ神殿
アルキメデ広場
ドゥオーモ
サンタ・ルチア・アッラ・バディーア教会
マニアーチェ城

イオニア海

オルティジャ島

サンタ・ルチア橋
ディアナの泉
ミネルヴァ広場
アレテュサの泉
カトリック教会

地図内ラベル:

イオニア海

オルティジャ島

マニアーチェ城

アルキメデ広場

ドゥオーモ広場

100m

元々はオルティジャという名称の島であったが、現在はシチリア島本土とウンベルティーノ橋とサンタ・ルチア橋の2本の橋で連結されており、その連絡はスムーズである。島の先端にはマニアーチェ城があり、防衛体制の拠点となっている。全体の道路はイスラームの支配を受けた影響により細街路が多い。

シラクーザの豆知識

オルティジャ島にアレテュサの泉がある。島の西側の海に接する護岸に沿ったところにありながら、淡水の泉である。ニンフのアレテュサが川の神アルフェイオスに目をつけられ追われ、純潔を守りたいために、この泉に身を変えたとされる伝説による。

イスラームの影響を受けたイタリアの南端の島

旅の密かな願い

　1997年8月南イタリアの調査に旅立った。この機会に密かに目論んでいたことがある。シチリアに渡るということであった。かねてより映画『ニュー・シネマ・パラダイス』の撮影現場を見たいという願望をもっていた。シチリアの監督ジュゼッペ・トルナトーレがアカデミー外国語映画賞をとった映画で、これが世界的にヒットして彼は一躍イタリアを代表する監督となった。映画の舞台はシチリアの地中海に面した港町で名前はジャンカルドという。シチリアの詳細地図でくまなく探したが見つからない。そうこうするうちに出発の間際となってしまった。諦めかけていたそのときに実際の撮影場所がわかったのである。それはパラッツォ・アドリアーノというまちであった。残念な

マニアーチェ城
オルティジャ島の先端にはマニアーチェ城が位置する。

から地中海に接したまちではなかった。

　旅はローマを起点として南下し、ナポリ、アマルフィを経由してシチリアへの起点の都市メッシナに到着した。パラッツォ・アドリアーノは内陸の小さなまちであった。中心広場に2つの教会と役場の建物が並び、広場の中心に風変わりな形の水場が設置されていた。映画は小さな港町に生まれた少年が、まちの映画館の映写技師に影響を受けて成長し、島を出てのちに高名な映画監督になるというストーリーであった。この映画には多くのエキストラが使われていたという。それがこのまちの人々で、映画のなかで見たような顔のおじさんたちが広場に集まってきた。私たちがあの映画の撮影現場を探して日本から来たと話したら大喜びで、仲間のエキストラだった人々を連れてきてしまった。そしてなんと主人公のトトもこのまちの住人であると教えてくれ、スーパーで働いているから呼んでくるということになった。イタリア人らしい親しみと人なつっこい性格がにじみ出ているようであった。トトが現れると我々のメンバーも喜び合った。

　イタリアの調査が25日間で終了して帰国した後に、トルナトーレの映画がもうひとつあることがわかった。シラクーザが舞台の映画『マレーナ』である。映画では美しい女性マレーナは、戦争のために生活を変えざるをえなかったが、それでも強く生きていく様子が描かれていた。主人公の12歳の少年レナ

ートがその姿に恋し見つめ続けるというストーリーである。強く生き続けるマレーナが、ドゥオーモ広場を歩く姿が感動的であったことがこの映画の価値であったように思っている。

シラクーザの歴史

　シラクーザの歩んだ歴史はそうそうたるものであった。紀元前には古代ギリシャの植民都市シュラクサイであり、これが都市名の起源となった。海洋に面している点で外敵が狙う対象とされた。カルタゴやローマとの戦いで、今日の味方は明日の敵という変転流転の歴史であった。この時代にアルキメデスがシラクーザに生きていたのであるが、戦いのなかで殺されてしまう運命であった。

　878年アグラブ朝による2世紀にわたるイスラーム支配とな

ドゥオーモ広場
オルティジャ島の中心ドゥオーモ広場である。左手にドゥオーモ（大聖堂）が見える。

った。この期間にオルティジャ島の建物はイスラーム様式で再建された。1028年東ローマ帝国がシラクーザを再征服し、島の要塞をマニアーチェ城とした。1542年、1693年と2回の大地震に見舞われ島の様相は変わり、シチリア・バロック様式で再建された。その後ペストとコレラの流行があって反乱が起き、県都がノートに移されるが、1848年シチリア独立革命にシラクーザ人が立ちあがり、1865年県都の地位を取り戻した。

　シチリアの東海岸のまちで、元々はイオニア海に面する島であったシラクーザの旧市街は、2世紀間のイスラーム支配を経験し、建て込んだ細街路だらけの都市空間である。中心のドゥオーモ広場が美しく印象的であったことが記憶に残っている。

（SA）

ドゥオーモ広場の教会
ドゥオーモ広場の南端にはサンタ・ルチア・アッラ・バディーア教会がある。

ディアナの泉
アルキメデ広場の中央にはディアナの泉がある。

アレテュサの泉
海に沿ったところにあるが淡水の泉である。

イオニア海
シチリア島の東側でイオニア海に飛び出したオルティジャ島がシラクーザの旧市街である。

14 サン＝マロ ［Saint-Malo / フランス］

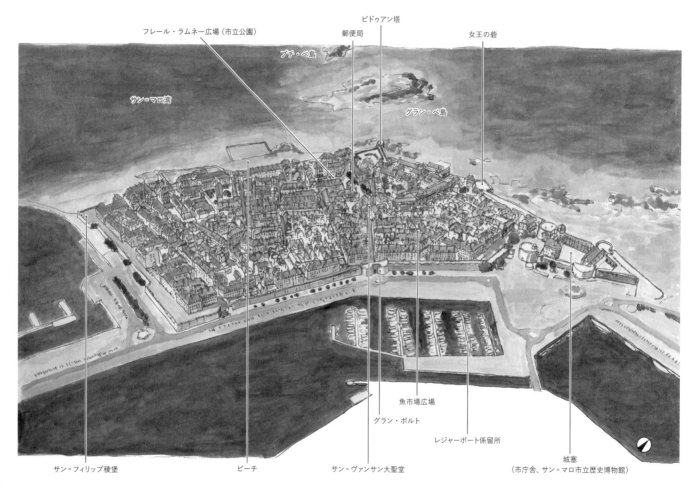

フレール・ラムネー広場（市立公園）

ビドゥアン塔

郵便局

女王の砦

プチ・ベ島

サン＝マロ湾

グラン・ベ島

魚市場広場

グラン・ポルト

レジャーポート係留所

サン＝フィリップ稜堡

ビーチ

サン＝ヴァンサン大聖堂

城塞
（市庁舎、サン＝マロ市立歴史博物館）

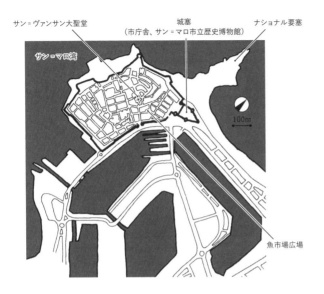

サン＝ヴァンサン大聖堂　　城塞　　　　　　　ナショナル要塞
　　　　　　　　　　（市庁舎、サン＝マロ市立歴史博物館）

サン＝マロ湾

100m

魚市場広場

サン＝マロはしっかりとした城壁で囲われた要塞都市である。元々は独立した島であったが、現在は本土と連結され、間に複数の船溜まりを構成している。それを部分的にレジャーボートなどの係留地として活用し、観光シーズンに対応している。城壁の北端に城塞が配置され、現在はサン＝マロ市立歴史博物館となっている。

サン＝マロの豆知識

ブルターニュの代表的な料理はクレープである。フランスでは2月2日はシャンドルールと呼ばれ、この日に家族・友人とクレープを食べて祝う伝統があり、サン＝マロでもこれにあやかってクレープを食べるのである。

イギリス海峡に面する城壁に囲まれた港町

中欧調査とフランス

　1998年中欧地域の調査を企画し、ウィーンに向かったのは8月10日夏の真っ盛りであった。このときの調査対象国はチェコ、ドイツ、フランスである。調査はチェコとドイツが中心であった。中欧の分類にフランスは含まれないが、旅の最終地点はパリと決めていた。ドイツからフランスに入国してから、帰国まであと何日かと数えながらの毎日であった。そのなかで必ず行きたい場所があった。それがモン＝サン＝ミッシェルである。パリまであと5日の行程であった。

　シャルトルからレンヌへ到達すると、もうモン＝サン＝ミッシェルへは北上するだけであった。やがて前方に岩山のシルエットが見えだし、その巨大さが伝わってきた。しかし、そこか

サン＝マロ湾とグラン・ベ島
サン＝マロは城壁で囲われた港町である。洋上の島はグラン・ベ島である。

ら目的地へはなかなか到達できなかった。私たちはかなり手前で車を降り、浅瀬を歩いてモン゠サン゠ミッシェルに向かった。ひと時ここでの観光を満喫したのちに向かったのがサン゠マロであった。サン゠マロはモン゠サン゠ミッシェルから西へ50km余りのまちである。

サン゠マロの歴史

サン゠マロはブルターニュ地方の港町であり、イル゠エ゠ヴィレーヌ県の都市である。イギリス海峡のサン゠マロ湾に面して

サン゠マロの中心広場
フレール・ラムネー広場（市立公園）。尖塔はサン゠ヴァンサン大聖堂の鐘楼である。

いる元々ランス川の河口に位置した島であった。6世紀初期に聖アーロンと聖ブレンダンによって設立された修道士の居住地が起源とされている。地名は聖ブレンダンの弟子だった聖マロに由来するといわれている。強固な城壁で囲まれた城塞都市であり、建物も統一性のあるデザインでまとめられている。16世紀、この都市はイギリス海峡という地の利を活かして船舶から通行税をとっていたようで、公然と富を蓄えていたのである。16世紀から17世紀にかけて経済的躍進を遂げた。敵船を襲い海賊のような行為を行っていたが、これはフランス王から許可されていたため、単なる海賊とは異なっていた。「フランス人でもなく、ブルターニュ人でもなく、サン゠マロ人である。」と称するほど誇り高く、17世紀末にはフランス随一の港町として繁栄した。

城壁は12世紀に建造され、旧市街の建物はおおむね5階建てで花崗岩で建築され、整った都市の様相をつくり出していった。第二次世界大戦時には8割方爆撃で破壊された都市であったが、戦後忠実に復元されたのである。

サン゠マロ出身のジャック・カルティエはカナダを発見したことで知られており、ジャック・グアン・ド・ボーシェーヌはフォークランド諸島の探検者として知られるように、ここを起点として海外に進出していった歴史的経緯をうかがうことができる。

記憶に残る要塞の島

　現在のサン゠マロの人口は5万人であるが、夏には観光客でふくれあがる。魅力的なエメラルドグリーンの海と島の見えるすばらしい景勝地である。城壁内のサン゠ヴァンサン大聖堂では、その身廊で1160年頃の（現存のものは戦後再建されたもの）石造の重厚なヴォールトを見ることができる。

　このときの最後の調査地はサン゠マロであったが、モン゠サン゠ミッシェルと共に記憶のなかに焼きついて離れないのは私だけであろうか。両方とも海洋にかかわる島状のまちであったことが興味深い。旅の中心であったドイツではこのようなまちに遭遇できなかったことが、さらに印象深く記憶に残った理由ではないだろうか。　　　　　　　　　　　　　　　（SA）

グラン・ポルト
旧市街の東側の入り口グラン・ポルト。

旧市街の通りにはカフェや土産物屋が並ぶ。

下）魚市場広場
広場の中央に市場施設が残っている。現在の施設は第二次世界大戦後に再建された。

城塞
まちの北東部にある城塞であるが、現在は市庁舎と博物館となっている。

69

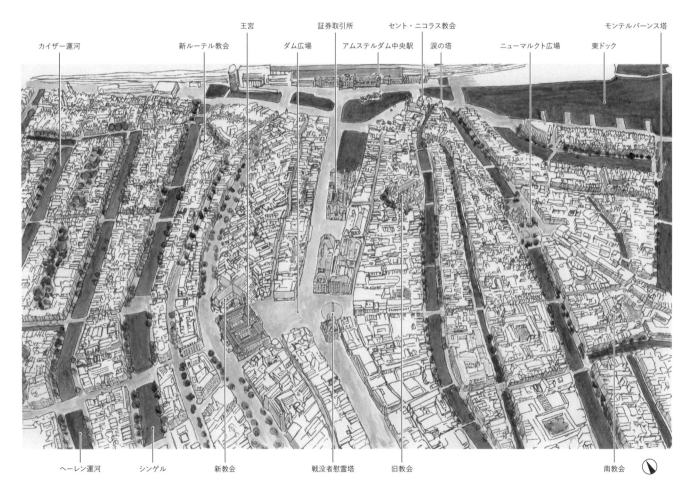

カイザー運河

新ルーテル教会

王宮

ダム広場

証券取引所

アムステルダム中央駅

セント・ニコラス教会

涙の塔

ニューマルクト広場

モンテルバーンス塔

東ドック

ヘーレン運河

シンゲル

新教会

戦没者慰霊塔

旧教会

南教会

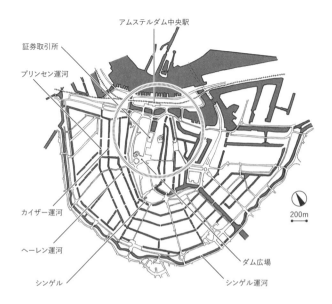

アムステルダム中央駅

証券取引所

プリンセン運河

カイザー運河

ヘーレン運河

シンゲル

ダム広場

シンゲル運河

200m

アムステルダムは16世紀に内側のシンゲル(Singel)からヘーレン運河、カイザー運河、プリンセン運河と外側に向けて開発されていった。一番外側に位置するシンゲル運河(Singelgracht)はかつての城壁のラインであるが、この城壁は現存しない。19世紀には中心部から10km〜15kmの位置に総延長135kmにおよぶ環状防衛線(水没して敵の侵入を防ぐ要塞)が建設された。

アムステルダムの豆知識

オランダといえば風車のある風景が想起される。平地を吹く風の力を利用して、製粉などの食料製造、木挽き、機器類の動力など、多岐にわたり利用されてきた。なかでもオランダの低地の排水を担い干拓地をつくり出した功績は大きい。アムステルダムにも現在も稼働している風車がある。デ・オッテル風車で17世紀に建造された風力製材所の風車である。

オランダ人がつくった運河の都市

運河がつくり出すまちなみ

　初めてアムステルダムの地に立ったのは大学3年の夏で、当時は北米アラスカ州のアンカレジ経由で、20時間余りかけての旅であった。KLMオランダ航空でアムステルダムのスキポール空港には早朝着いたが、乗り換えの待ち時間を利用してまちに出てみようということになった。中央駅から歩いてアンネ・フランクの家を目指したが、ガイドブックの地図は精度が悪く、なかなかたどり着けない。おそらく30分以上は歩いたのではないかと思う。途中、いくつも橋を越えながらその数を数え目指したことを覚えている。街路と運河が規則正しく整備され、家々は隙間なく並んでいた。いかにもヨーロッパらしいまちなみであったが、橋を何本越えても同じ風景が続くことで大いに

アムステルダムの運河シンゲル

シンゲルは同心円状の4本の運河の最も内側に位置する。水面は静かで街路樹の緑が映り込んでいる。

道に迷うことになったのである。当時は都市の構成がわかっておらず、なぜこんなに同じまちなみが続くのか、不思議に思ったものである。

都市の発展は水と共に

オランダは国土の26％が海抜0m以下である。オランダは「世界は神がつくったがオランダはオランダ人がつくった」といわれるほど、多くの土地を干拓してきた。首都アムステルダムの歴史も水との関係からたどることができる。

アムステルダムの都市のはじまりは13世紀にアムステル川の河口に漁民らがダムを築いて定住するようになったことだといわれる。その後、1300年に自由都市になり、14世紀にハンザ同盟との貿易で知名度を得て、バルト海交易の中心地となる。そして16世紀には世界商業・金融の中心都市へとなっていく。17世紀には黄金期を迎え、東方貿易の独占権をもったオランダ東

カイザー運河に面するファサード
同じような建物が並ぶ。かつて間口の幅で税金額が決められていたため、幅が狭く奥行きのある建物が建てられた。

インド会社を設立して世界に広大なネットワークをつくった。さらに証券取引所を世界最初の常設取引所として稼働させ、名実共に世界経済の中心都市として富を蓄積していったのである。

同心円状の運河が形成されたのもこの時代であった。運河は湿地から水を排水するためのものであったが、水上交通にも利用され運河に沿って宅地が造成されていったのである。この運河沿いの宅地の使用には建築法規に則った規制がかけられていた。25m幅の運河両側に幅11mの荷役用地、運河間の建設用地にも奥行きや高さの制限があり、その結果今日も見られる統一されたまちなみが形成されたのである。

17世紀末アムステルダムは人口21万人の大都市となっていた。しかし、18世紀、19世紀はその繁栄に陰りが見える。ナポレオンやイギリスによる占領、アムステルダムの経済力は疲弊していった。産業革命まで長い停滞期となる。そして19世紀後半には北海運河が開削され、北海と直結したことによりアムステルダム港は再び発展しはじめたのである。

水と共に暮らす

水辺都市としてのアムステルダムの取り組みは現在も続いている。20世紀の2つの大戦を経てアムステルダムは復興し、1970年代以降、海外から多数の移民を受け入れた。そのため住宅が不足する事態が生じる。住宅供給のため1990年代後半

からは役目を終えた貿易港を住宅地に転用するという東部港湾地区人工島の再開発が行われてきた。ボルネオ島は主に低層の住宅で構成され、間口4.5m〜6.5mで高さの揃った住宅が並ぶ。そこでは運河に面して大きな開口部をもつ家々が並び、テーブルや椅子を出して寛ぐ人や住戸に直接係留されたボートなど、オランダの人々の海抜0mを楽しむ水辺の生活を垣間見ることができる。

　水と共に暮らすために何世紀にもわたって開発を続けているアムステルダムは、どこを歩いても水路に出会う。目的地までに橋を何本も渡らなくてはならない。そうした水の要素が統一されたまちなみのなかで都市の番地のような役割をして、私たちを目的地に導いてくれるのである。　　　　　　（TK）

ボルネオ島
1990年代に開発されたアムステルダム東部港湾地区である。住戸からは運河に直接出ることができる。

アルミニウム橋
アムステルダム中心部の跳ね橋である。オランダで初めてアルミニウム製の橋床が用いられた。水上交通と陸上交通が共存する都市の風景である。

ダム広場
都市名の語源になったといわれる広場で13世紀にアムステル川にダムが築かれた場所である。正面に見えるのは王宮である。現在も都市の中心的広場である。

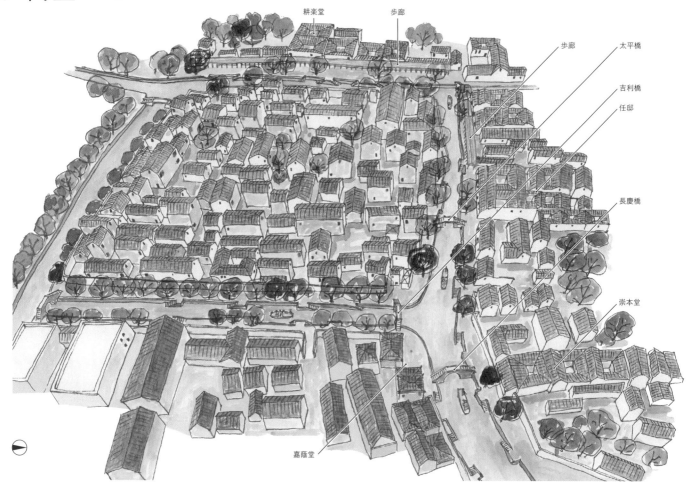

耕楽堂

歩廊

歩廊

太平橋

吉利橋

任邸

長慶橋

崇本堂

嘉蔭堂

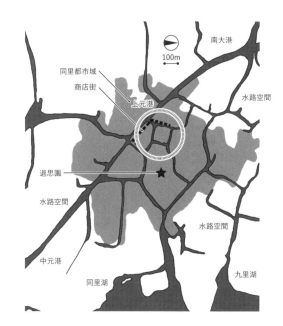

江南の長江と太湖に挟まれた水郷の地域として何本もの水路の上に成り立っているまちである。水路に面した地区には通路が配置され、水路に下りることができる階段がいくつもつくられている。同里の中心部は矩形の水路がある。まちにはかつて文化人の隠れ里としての邸宅があり、中庭をもつ建築が見られる。

同里の豆知識

同里の古い名称は「富土」（豊かな土地）であったが、唐代初期に「銅里」と改められ、宋代に「同里」となった。富土の2字を上下に重ね、点を消して同里の2字をつくり、古鎮の名称として現在まで使用している。

長江が運んだ土砂の堆積で生まれた古いまち

江南の水郷鎮

　中国最長の大河、長江下流域の南岸は江南地方と呼ばれ、長江が運んだ土砂による肥沃な土地で、水に恵まれた穀倉地帯となっている。古鎮とは古き良き時代の風景を残しているまちのことである。江南の水郷鎮は運河や水路で結ばれ、大都市蘇州ともつながり、いずれも豊富な水の環境が形成されている。同里、烏鎮、西塘、朱家角、周荘、甪直などであり、水郷古鎮として多くの観光客が訪れている。

　また江南の水郷鎮は農産物・水産物の集散地でもあり、そこには仲買人などの活動の場が用意されていた。水郷鎮のなかに施設化されている茶館は産物の仲介や取引を行う場としてつくられたものである。現在は水郷古鎮を訪れる観光客の休み場所

水路と吉利橋
水路に架かる前方の橋が、三橋のひとつ吉利橋である。水路の両側に階段があり、水面へ直接下りることができる。

としても機能している。古鎮には商店街が多くつくられており、日常生活用品から観光客目当ての土産物まで売られている。茶館は商店街にある場合が多いが、写真（P.77）の茶館は水路に隣接して設けられた例である。

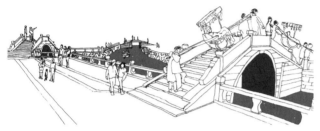

走三橋
三橋を渡ると幸せになるという言い伝えがあり、婚礼や長寿の祝いなどの節目に渡る。手前が長慶橋、左が吉利橋、中央奥が太平橋である。

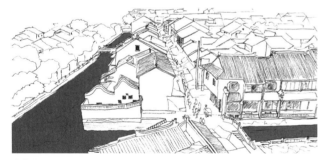

商店街
同里鎮には竹行街、富観街、新墳街、上元街、三元街、東渓街、魚行街、南新街の8つの商店街がある。図は魚行街の入り口部分である。

隠れ里のまち同里

　同里はこの地方にある古いまちで、太湖と古運河の畔にあり、蘇州から南東に18km、まちの総面積は62.54km²である。同里は宋の時代から1000年以上の歴史がある。建物は水際に建てられどの家も水に接し、舟が通り、まちの中心部には車の入ることができない歩行者空間が広がっている。江蘇省では最も完全な形で保存された水郷古鎮である。

　同里はかつて裕福な地主や退職後の官僚たちに、その安住の地「隠れ里」として選ばれていた。1975年蘇州と結ぶ道路が開通するまで、船が唯一の交通手段であったことはその好条件となっていたのであろう。

　その産物として邸宅が多く建設されており、現在はそれらが公開され見学することができる。また邸宅と共に庭園が整備されており、同里には退思園という庭園が存在しているが、江南の水郷鎮のなかでは唯一この退思園が世界遺産に登録されている。水面空間を取り込んだ名園として映画やテレビドラマのロケ地にも多く活用されてきた。

水のまち同里の魅力

　同里は前述のように、かつては多くの文化人の隠れ里としての位置づけがあったが現在は観光地となっている。まちに張り巡らされた水路の両側には通りがあり、水辺の空間と一体的に

使われてきた。通りには適度な間隔で水路へ下りられるように階段が設けられていて、わずかではあるが、野菜を洗ったり洗濯物をゆすいだりする姿を今でも見ることができる。それだけ日常生活と一体化された水路空間であった。

　水路に並行した通りには街路樹があり、また屋根付きの通路である歩廊がしつらえられているところもあり、暑さや雨風を防ぎ、天候に左右されない歩行者空間となっている。そして、水路の脇にはベンチが置かれ、パラソルを広げてテラス状のカフェの空間が設けられているところもある。

　同里には水路に架かる橋が49基ある。そのなかで太平橋、吉利橋、長慶橋は特別に「走三橋」といって、3つの橋を渡ると幸せになるという言い伝えがある。「太平橋を渡れば一年を健康に過ごすことができ、吉利橋を渡れば商売が繁盛し、長慶橋を渡れば長生きできる。」とされている。

　現在の同里は、この三橋を中心として観光地化が進み、水路にも生活風景よりも観光客を乗せた小舟が行き交う風景のほうが一般的になっている。これも現代の人々の生活が水と共に成り立っていることの現れであり、それが水郷古鎮の風景といえるのかもしれない。
　　　　　　　　　　　　　　　　　　　　　　　（SA）

水路と歩行者空間
水路の両側の歩行者空間にはベンチやパラソル、歩廊が設置され、歩行者に配慮された空間となっている。

茶館
水路沿いに設置された茶館。仲買人の取引の場であったが、現在はカフェとして使用されている。

退思園
江南の水郷鎮のなかで同里の退思園のみが世界遺産に認定されている。

17 柳川 ［日本］

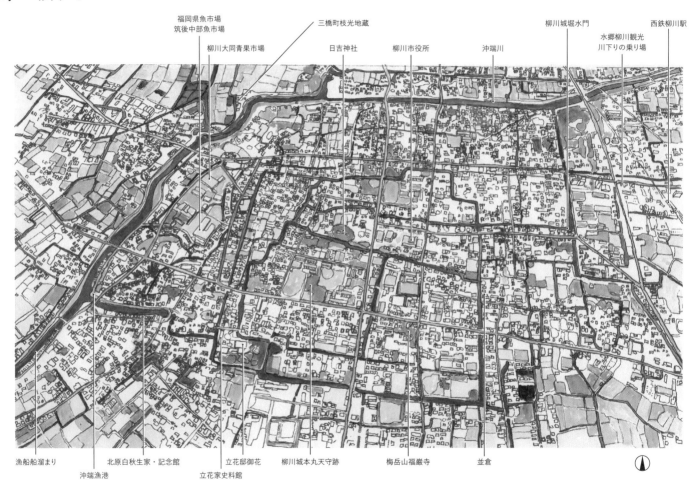

福岡県魚市場
筑後中部魚市場

三橋町枝光地蔵

柳川城堀水門

西鉄柳川駅

柳川大同青果市場

日吉神社　柳川市役所　沖端川

水郷柳川観光
川下りの乗り場

漁船船溜まり　　北原白秋生家・記念館　立花邸御花　柳川城本丸天守跡　梅岳山福巌寺　並倉

沖端漁港　　立花家史料館

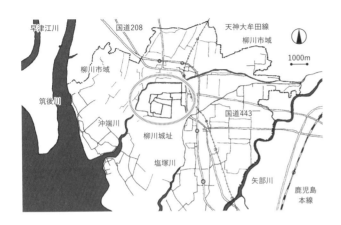

この地域は沖端川を中心に農業用の水路網が縦横に走っているなかに、柳川城の堀割がつくられて、その全体像ができあがったといえる。堀割はかつての柳川城天守（焼失）を中心として二重の構成をとっているが、沖端川と違って緩やかな流れが多い。水路と道路網が別で、水路まわりには田園や家々が並ぶ様子が見られる。そのため舟上から水郷柳川の風景を堪能することができる。

柳川の豆知識

柳川は、国土交通省によって、水を活かしたまちづくり事例としてたびたび取りあげられている。1995年から1996年、現代のまちの活性化に水環境を役立てている事例として「水の郷百選」に、2006年には「地域いきいき観光まちづくり100」にも選ばれた。水辺空間が観光資源として重要な役割を果たしている。

城下町柳川から水郷柳川へ

柳川の地理・歴史

　柳川は九州山地から有明海に注ぐ北部の筑後川、南部の矢部川に挟まれたデルタ地帯にある。デルタ地帯の北部には弥生時代に人が生活していたため、貝塚が確認されている。南部はほぼ海であった地区である。その低湿地帯に生活用水あるいは稲作のための水を得るために大規模な濠を掘り、環濠の農村集落ができていった。時代が進み戦国時代になると戦略上重要なところとなり、城下町が形成されていく。

　柳川の城下町の基礎づくりをしたのは蒲池（かまち）氏である。現在の堀割の残る都市の風景が形成されたのは関ヶ原の戦い以降、田中吉政が城主として城下町を形成していったことによるであろう。田中吉政は柳川城を居城として、本格的な城下の整備と同

水辺の環境保全
かつては城の防衛や灌漑用水、水上交通に使われていた水路は、一時水質が悪化したが、市民の浄化運動により、よみがえった。現在は重要な観光資源である。

時に城の大規模改修も行った。田中家が断絶した後、立花宗茂が柳川城に入城した。宗茂は検地を行い領内統治に尽力した。

城下町は武家屋敷の並ぶ「御家中」、町人の生活空間である「柳河町」、港のある「沖端町」に領域分けがされていた。御家中は本丸を中心とした内堀と外堀までの空間であり、その北東に柳河町、西側に沖端町が位置していた。柳河町には町人の他に下級武士や足軽、扶持人などが暮らしていた。それに対して沖端町は堀と沖端川に挟まれた地域で、領外との取引や漁業基地としての重要な位置づけであった。

明治になって1872年に柳川城は火災のため本丸、二の丸を焼失した。廃藩置県の結果、柳河県となり、1876年には福岡県の一部となった。1889年町村制施行に伴い武家屋敷敷地が合併して城内村、町人町は柳河町、漁師町は沖端村となった。1951年町村合併で柳川町となり、翌年に柳川市となる。現在は焼失した城跡の部分に柳川高等学校、柳城中学校が建っている。

水郷柳川
北原白秋の生家は福岡屈指の造り酒屋である。水郷柳川の名称が広く行き渡ったのは、白秋が詩に詠んだことによるところが大きい。

水郷のまちとしての柳川

水郷という言葉がある。日本大百科全書では「大河川の中・下流の低湿な三角州地域で水路網が発達し、舟による交通が発達している地域」となっている。日本で水郷都市といえば柳川が思い出されるのは私だけであろうか。

中世以来、低湿地帯の柳川では堀割掘削と干拓が行われ、人工的な農地が形成されてきた。柳川城が機能していた時代には堀割は水の防壁として意味をもっていたが、明治時代になると、飲み水・洗濯などの生活用水、運搬、農業用水、防火用水、洪水防止といった役割を担うようになった。昭和40年代には上水道網が完備され、堀割はその機能を失っていく。清掃がなされなくなり、水草に埋没し、ゴミの不法投棄が行われていった。1977年には柳川市街地の堀割を暗渠化する計画が市議会により承認され実施直前であったが、当時の都市下水路係長の研究啓蒙活動により一転して堀割の保存、整備を進めることとなった。その結果、河川浄化計画が実施され、柳川の堀割はよみがえった。1978年には伝統的文化都市環境保存地区整備事業を実施し、官民一体で水路清掃や水辺の環境保全に取り組んでいる。

前述のように柳川城は焼失し、現在は城下町としての様相は見られない。しかし、堀割の風景が残ったため、水郷柳川の名前が著名となったのであろう。柳川と水郷を組み合わせて名前

が有名になったのは北原白秋が詩に詠み込んだことによるところが大きい。田園風景と水環境が結びついた今日の柳川の風景は、城下町というより農業や漁業による水郷のまちなのかもしれない。水郷は近年観光資源ともなっており、どんこ舟と呼ばれる舟から風景を楽しむことができる。　　　　　　　　（SA）

川下り
どんこ舟と呼ばれる竹竿で突き押す舟に揺られてまわりの風景を堪能することができる。

上）御花（柳川藩主立花邸）
柳川の観光施設のひとつで、水郷遊覧の締めくくりである。

右）沖端川河口付近の漁業基地としての船溜まり。

柳川城堀水門
水郷川下りの起点となっている水門である。ここをくぐって巡っていく。

並倉
柳川川下りの観光ポイント並倉は赤煉瓦の蔵が3棟並ぶ。

水路網で生きる

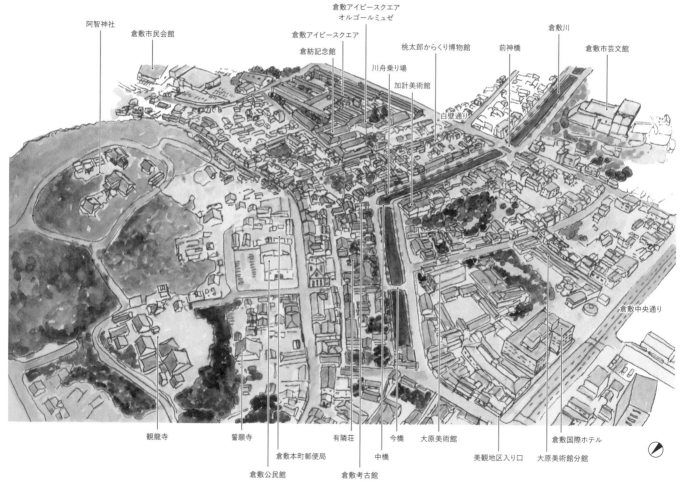

阿智神社
倉敷市民会館
倉敷アイビースクエア
オルゴールミュゼ
倉敷アイビースクエア
倉紡記念館
川舟乗り場
加計美術館
桃太郎からくり博物館
白壁通り
前神橋
倉敷川
倉敷市芸文館
倉敷中央通り
観龍寺
誓願寺
倉敷本町郵便局
倉敷公民館
有隣荘
中橋
倉敷考古館
今橋
大原美術館
美観地区入り口
大原美術館分館
倉敷国際ホテル

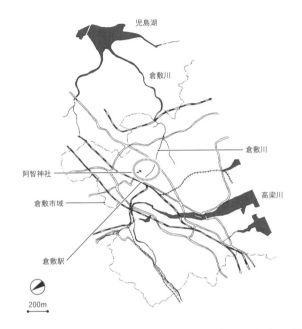

児島湖

倉敷川

倉敷川

阿智神社

倉敷市域

高梁川

倉敷駅

200m

岡山県南西部に位置する。倉敷のあたりは、かつては海であったが、16世紀の終わり頃からはじまった干拓により陸地となった。倉敷駅から10分ほど歩くと、倉敷の観光の中心、美観地区にたどり着く。倉敷川を中心に、本瓦葺きの町家や白壁の蔵、大正から昭和初期に建てられた洋館が並んでいる。川沿いには柳並木が整備され、心休まる景色が広がっている。

倉敷の豆知識

近年倉敷はジーンズのまちとしても知られている。児島は国産ジーンズ発祥のまちであり、シャッター商店街であった味野商店街を「児島ジーンズストリート」として再生させた。地元のジーンズメーカーの直売所や土産物屋などが軒を連ね、新たな観光スポットとして人気を集めている。

繊維産業と文化・芸術のまち

舟運と繊維産業

　倉敷はかつて、大小の島々が点在する遠浅の海であった。16世紀の終わり頃から干拓による新田開発が進められたが、元々海であったため土地には塩分が含まれており、塩に強い綿花やイ草が多く植えられた。江戸時代に備中国奉行領となり、その後、代官所が置かれ天領となり、年貢米や綿などの物資の集積地として発展した。この頃に高梁川と児島湾を結ぶ運河として倉敷川が整備され、川沿いに白壁の土蔵や塗屋造りの町家が建てられた。年貢米を一時貯蔵する蔵やその場所を倉敷地と呼ぶが、これが倉敷の地名の由来ともいわれている。

　また、江戸時代中期から明治30年代にかけて、倉敷の下津井、玉島は北前船の寄港地となっていた。北前船とは、日本海と瀬

倉敷川
倉敷川を中心に広がる美観地区の風景は、行政や住民によるまちなみ保存活動の賜物である。

戸内海を通り大阪と北海道を結び、寄港地で商品を売り買いしながら航海していた船で、動く総合商社とも呼ばれていた。倉敷では綿や綿製品、塩、煙草、鉄、銅、弁柄などが積まれ、綿花栽培の肥料となるニシン粕や干鰯などが降ろされていた。

明治になり代官所が廃止され一時経済活動は停滞したが、1888年に大原孝四郎により代官所跡地に倉敷紡績所（現クラボウ）が開設され、また1891年に鉄道が開通し、再び活気を取り戻した。大原家は従業員のための労働環境の改善、地域社会への貢献にも力を入れており、日本初の私立近代西洋美術館である大原美術館をはじめ、病院や研究所などを設立した。

干拓地で育てられた綿花やイ草は倉敷の繊維産業を発展させ、

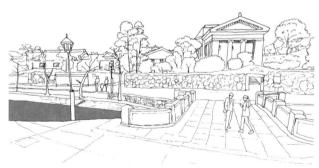

大原美術館
クラボウ二代目社長の大原孫三郎によって設立された、日本初の私立西洋近代美術館である。

古くは真田紐、足袋、現在は学生服やジーンズ、帆布、畳縁などのさまざまな繊維製品が生産されている。繊維製品出荷額全国1位を誇る、繊維産業のまちである。

美観地区をつくる風景

戦後は住民と行政によるまちなみ保存活動が進められ、1968年に倉敷市は倉敷市伝統美観保存条例を制定、その後1979年に国から重要伝統的建造物群保存地区に指定された。

倉敷川は児島湾につながる運河であったため、川の水位は潮の満ち引きとともに上下していたが、1956年に児島湾に潮止めが実施され、倉敷川の水位の上下はなくなった。観光用の川舟流しも運航されており、川からの風景を楽しむことができる。

美観地区の川沿いの風景として欠かせない要素のひとつである柳並木は、昭和30年代半ばに整備されたものである。道から一段下がったところに岸がつくられ、そこに柳が植えられた。段差部分に座る人や露店を出す人の姿も見られた。

川には雁木と呼ばれる階段が残されており、これは舟から荷揚げ、荷積みをするための船着場として利用されていたものである。重要伝統的建造物群保存地区の工作物として指定されている。

倉敷を代表する建物のひとつにアイビースクエアがある。1974年に、倉敷紡績所の本社工場がホテル・文化施設を併せも

つ複合施設として生まれ変わった。元々は江戸時代の代官所跡地であり、復元された当時の井戸や外堀の名残を見ることができる。その名前にもなっている、赤煉瓦を覆う蔦（アイビー）は、紡績工場であった頃、工場内部の温度調節のために植えられたものである。2007年に経済産業省により近代化産業遺産として認定され、2017年に文化庁により日本遺産構成文化財のひとつとして認定された。

このように、まちなみ保存活動は現在も続いており、行政や住民によって美観地区の風景は守られている。土蔵は土産物屋や飲食店として利用されているものも多く、観光客で賑わっていた。

（AT）

上）中橋と倉敷考古館　倉敷川のほぼ中央に架かる中橋。その先にある倉敷考古館は米蔵を改装してできたもので、なまこ壁が美しい。
右上）アイビースクエア　赤煉瓦の壁は蔦で覆われている。観光客増加による宿泊施設不足解消という目的もあり、クラボウ本社工場が生まれ変わった。
右下）段差のある川岸　柳並木は道から一段下がったところにつくられ、その段差を利用して店を出す露天商も見られる。

船着場　手前に見える階段が雁木。船着場として利用されていた。重要伝統的建造物群保存地区の工作物として指定されている。

水辺と共生する

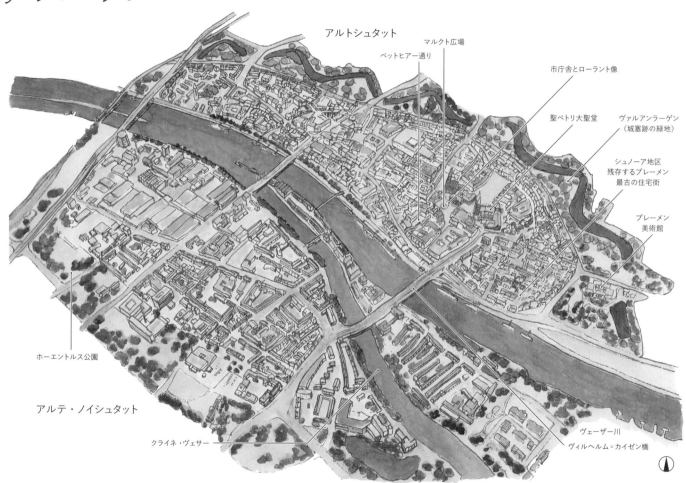

アルトシュタット

ベットヒアー通り

マルクト広場

市庁舎とローラント像

聖ペトリ大聖堂

ヴァルアンラーゲン（城塞跡の緑地）

シュノーア地区残存するブレーメン最古の住宅街

ブレーメン美術館

ホーエントルス公園

アルテ・ノイシュタット

クライネ・ヴェサー

ヴェーザー川

ヴィルヘルム＝カイゼン橋

アルトシュタット

マルクト広場

100m

アルテ・ノイシュタット

ヴェーザー川

ヴェーザー川を挟んで北側右岸のアルトシュタットには世界遺産となっているマルクト広場とローラント像がある。一方、川の南側のアルテ・ノイシュタットは17世紀、ブレーメンを守るために、人口の少ない広大なエリアとしてつくられた。第二次世界大戦でそのほとんどが破壊されたが、戦後いくつもの企業が進出し文字どおり新しいまちとして発展した。

ブレーメンの豆知識

マルクト広場とヴェーザー川の間をつなぐ通りにベットヒアー通りがある。ベットヒアーとは樽の意味で昔樽職人がいたところなのでこの名前がついたという。この通りはコーヒーで財を成したルートヴィヒ・ロゼーリウスが建設した通りで、おしゃれなショップやカフェ、ギャラリーが並び、人気の通りとなっている。

川と星形堀割で防衛体制をつくりあげた都市

ブレーメンのマルクト広場

　1998年8月18日ブレーメンに到着した。夏のこの時期は都市の中心広場では祭りやイベントが開かれている場合が多く、ブレーメンでも屋台やメリーゴーラウンドなどが多彩に広場を埋め尽くしていた。広場調査目的の私たちにとっては良し悪しで、思ったような良い写真が撮れない一方で、広場が積極的に活用されている姿を収めることができる。こうした場合、メンバーそれぞれに任せて動くことで新しい発見があることを期待してひとときを過ごした。そして市庁舎脇にあるグリム童話ブレーメンの音楽隊の銅像の前に集合とした。グリム童話はグリム兄弟が集めた民間伝承のメルヘン（昔話）集である。

マルクト広場の市庁舎
15世紀にゴシック様式で建設されたが、17世紀初めにヴェーザー・ルネサンス様式のファサードにつくり変えられた。2つの様式が調和した美しい市庁舎として知られている。

メルヘンの世界

　私たちのなかで童話に興味をもっていた者がいたわけではないが、童話の世界が都市の様相にどう影響しているかには関心があった。実は、この後ハメルンにも行く予定にしていた。ハメルンの笛吹き男では、話がまちのなかで展開している。これに対しブレーメンの音楽隊は、ロバ、イヌ、ネコ、ニワトリがブレーメンに向かう旅の途中で泥棒たちの家にたどり着き、4者が協力して泥棒たちを追い出し、そこに住み着くという話である。彼らはブレーメンにはたどり着いていないのである。こ

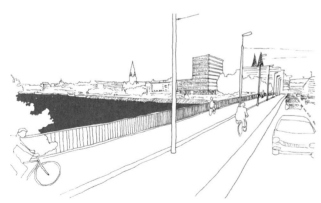

ヴィルヘルム＝カイゼン橋
ヴェーザー川に架かるヴィルヘルム＝カイゼン橋の上からアルトシュタットを見る。聖ペトリ大聖堂の2本の尖塔を望むことができる。

うしてみるとブレーメンであることが必要なのであろうかという疑問が出てくるが、実在する都市ブレーメンに対してのメルヘンが成り立っている。

ブレーメンとローラント像

　ブレーメン市民にとってブレーメンの音楽隊に比べるとはるかに強い意義ある対象がローラント像であろう。最初マルクト広場に立ったときに、屋台やカフェの天幕でこの像があまりよく見えなかったが、帰国後ブレーメンのことを調べて、この像の意義がはっきりとした。ローラント像は正義の剣と盾を持った立像であり、ブレーメンの自治都市としての尊厳を象徴しているものである。高さは天蓋を含めて10m近くにも及び、第二次世界大戦時には市民の手によって煉瓦製の保護壁をつくったほど大切にされていた。世界遺産の登録はブレーメンのマルクト広場の市庁舎とローラント像の両者でされていることでもその重要性は認識できる。そして、市庁舎はブリック・ゴシック様式（表面素材が煉瓦のゴシック様式の建築でバルト海周辺の国々に見られる）の最も重要な建築のひとつとされる。市庁舎が建てられたのは15世紀初頭のことであり、2世紀後にファサードがヴェーザー・ルネサンス様式でつくり変えられた。

　ブレーメン市は第二次世界大戦で60%以上戦災を受けたが、市庁舎だけは市民たちが外壁で囲い戦禍から守り抜いたという。

アルトシュタットとアルテ・ノイシュタット

　さて、ブレーメンはハンブルクに次ぐドイツ第二の貿易港である。ヴェーザー川の一角に防衛体制を築いてまちができていることで認識できる。貿易港としての部分は外港としてのブレーマーハーフェンが担っている。ブレーメンはヴェーザー川を挟んで右岸にアルトシュタット（旧市街）、左岸にアルテ・ノイシュタット（旧市街のなかの新市街）が配置され、両方とも

昔はその外側にギザギザの堀割があった。しかし時代の流れとともに防衛体制の意義が薄れ、堀割はアルトシュタットのみに残されて、アルテ・ノイシュタット側は緑地公園となり、都市に必要な施設の用地として活用されていった。現在ではアルトシュタット側の堀割は城塞跡の緑地ヴァルアンラーゲンとして活用されている。これは市民にとっても観光客にとっても良好な自然豊かな空間となっている。　　　　　　　　　（SA）

左）マルクト広場　マルクト広場は周囲をギルドハウスが囲む広大な広場である。観光客で賑わうまちの中心空間である。
中）ブレーメンの音楽隊のモニュメント　市庁舎の脇にひっそりと立っている。
右）ローラント像　マルクト広場中央のローラント像は1404年に立てられた。第二次世界大戦中には、市民が煉瓦の保護壁をつくり守ったという。

20 チェスケー・ブジェヨヴィッツェ [Česke Budějovice / チェコ]

水辺と共生する

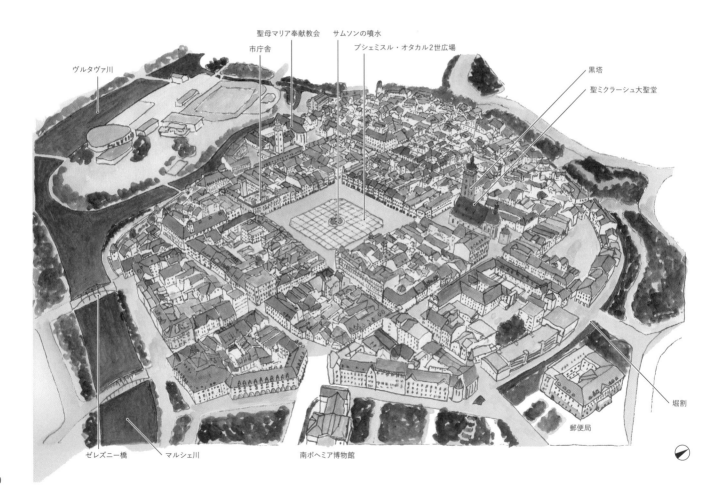

ヴルタヴァ川

聖母マリア奉献教会
市庁舎
サムソンの噴水
プシェミスル・オタカル2世広場
黒塔
聖ミクラーシュ大聖堂
堀割
郵便局
ゼレズニー橋
マルシェ川
南ボヘミア博物館

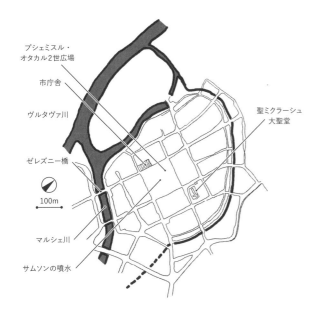

プシェミスル・
オタカル2世広場

市庁舎

ヴルタヴァ川

ゼレズニー橋

100m

マルシェ川

サムソンの噴水

聖ミクラーシュ
大聖堂

外周をヴルタヴァ川とマルシェ川そして堀割で囲まれた地区が旧市街でその中心に約130m×130mの広場があり、その四隅から延びる道路が井桁を組む形となっている。堀割の外側に緑地帯が広がっているが、かつてそこには星形の城塞が存在していたことが見てとれる。

チェスケー・ブジェヨヴィッツェの豆知識

チェスケー・ブジェヨヴィッツェはボヘミア王国の王立都市として建設され、16世紀には塩の取引や銀の集積所として栄えた。しかし1618年に三十年戦争が勃発すると幾度となく戦禍に巻き込まれ、1641年の大火災で226軒もの建物が1日で焼け落ちてしまった。現在のまちなみは再建されたものである。

水路と緑地に囲まれた旧市街と中央市場広場

東欧の概念

　東欧は時代とともに変化していった。東欧6か国がポーランド、チェコスロバキア、ハンガリー、ルーマニア、ブルガリア、ユーゴスラビアであったのは民主化以前の概念である。現在、チェコスロバキアはチェコとスロバキアに分離し、ユーゴスラビアは長い内戦の果てに6つの共和国に分離していった。チェコは独立して以来、中欧の位置づけとなっている。チェコへの入国にあたっては忘れられない思い出がある。

ビザ申請の思い出

　1998年3度目にチェコに入国したときのことである。ウィーンでレンタカーを借りてチェコに入国する計画であった。民主

黒塔からの眺め
まちの中央のプシェミスル・オタカル2世広場は130m角の矩形の広場である。教会の対角に市庁舎が位置し、まちの向こう側に広がる緑地沿いにヴルタヴァ川が流れている。

化前の東欧では国境を越える際には、どの国にもビザを持って行かなければ入れない状況であった。1989年ベルリンの壁崩壊後、東欧諸国の民主化はそれぞれの国の状況によって変転していく。チェコがスロバキアと分離したのが1993年である。

その5年後1998年チェコ入国時の出来事である。メンバーのなかの担当者が国境を越える際に必要な書類を研究室に忘れてきた。そのため私たちは国境で、急遽持ち合わせた写真を使い書類を作成することになったのである。車のなかで慌ただしく作業するなか、後部座席から「もうこれ以上切れません」という声が聞こえた。顔写真を通常のプリントサイズで持参した学

ゼレズニー橋
ヴルタヴァ川に流れ込むマルシェ川に架かる橋。道の先には市庁舎の塔が望める。

生の声だった。枠一杯の顔写真を貼った申請書を提出すると、国境の係員はニヤリと笑い、次の瞬間にはゴミ箱に捨てていた。1週間後には国境施設がなくなるというタイミングでの出来事であった。

それから約10年後の2009年、4回目のチェコ入国の機会を得て、ウィーンから車で国境を越えた。しかし2009年の国境の姿がまったく思い出せない。何の問題もなく国境を越えることができたのである。東欧民主化後の変化を肌で感じた出来事である。

中央広場と黒塔

チェスケー・ブジェヨヴィッツェは南ボヘミア州最大の都市で、政治・商業の中心地である。このまちにはかつて1975年と1990年の2回訪れていたのに、巨大な広場に気をとられていたため、まちが水で囲われていることに意識が向いていなかった。水辺空間をテーマとしたこの本を書くにあたって、もう一度まち全体を見直したところ、このまちの旧市街はヴルタヴァ川、マルシェ川、堀割、緑地帯といった豊かな水辺空間に囲われていることに気づいた。

中央の広場プシェミスル・オタカル2世広場はほぼ正方形の整然とした巨大な空間である。広場の名称は、都市建設に貢献したボヘミア王オタカル2世の名前がつけられている。広場の

南西角には市庁舎がある。市庁舎はバロック様式の壮麗な建築物であるが、広場のファサードの一部であり中心的な位置にはない。また広場北東には聖ミクラーシュ大聖堂があるが、こちらも広場の角に接するような形である。付属の黒塔（鐘楼）からは都市全体を望むことができる。

　広場中央にはサムソンの噴水があり、広場床面には碁盤の目状のマス目が描かれている。この広場に立ったとき、印象に残るのは市庁舎でも大聖堂でもなく、この広大な空間なのである。

　旧市街を囲う水路と星形の城壁は、13世紀には建設がはじまっている。その後修復や強化が繰り返され19世紀までは保存されていた。今日では城壁は取り壊され緑地帯となり、遊歩道として整備されている。稠密な旧市街とその外側の住宅地の間に位置し、市民や観光客の憩いの空間であると同時に博物館や郵便局も配置され、現代の都市機能を充足する場ともなっている。　　　　　　　　　　　　　　　　　　　　　　（SA）

左）聖ミクラーシュ大聖堂
広場の北東角にある聖ミクラーシュ大聖堂とその黒塔。黒塔は16世紀に建設され、高さは72mある。

中）サムソンの噴水
プシェミスル・オタカル2世広場中央にサムソンの噴水があり、その向こうに黒塔が見える。

右）広場での一場面
広場では市庁舎に結婚の届けを提出したカップルが人々に祝福されていた。

水辺と共生する

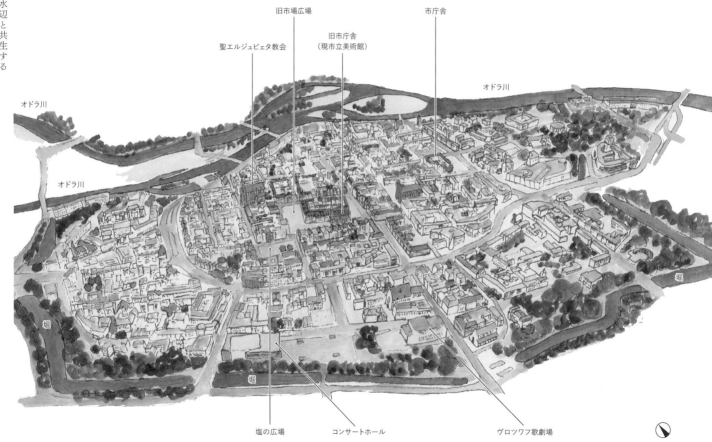

旧市場広場

市庁舎

旧市庁舎
（現市立美術館）

聖エルジュビェタ教会

オドラ川

オドラ川

オドラ川

堀

堀

堀

塩の広場

コンサートホール

ヴロツワフ歌劇場

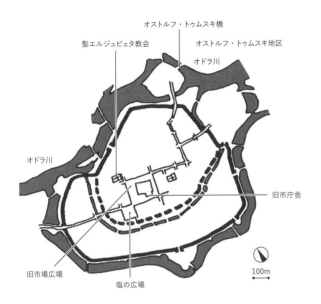

まちはオドラ川の両岸に広がっている。川の南側には旧市街があり、川と二重の城壁で囲われていた。10世紀頃に内側の城壁ができ、外側は13世紀以降に拡張された。その中心には旧市場広場があり、現在も賑わいを見せている。旧市街は第二次世界大戦による被害が大きく、現在市内に残る建物の大部分は戦後再建されたものである。

ヴロツワフの豆知識

ヴロツワフのまちのあちこちには、30cmほどの大きさのこびとの像がある。本を読んでいたり、ベッドで寝ていたり、街灯にぶら下がったり、その姿はさまざまで、まちの人々や観光客に人気の存在である。個人で自由に設置することができるため、こびとたちは増え続け、360体以上あるという。「こびとマップ」があり、それを手にまち歩きを楽しむこともできる。

オドラ川両岸に広がるまち

旧市街と水辺空間

　ヴロツワフのまちは、オドラ川の両岸に広がっている。春から秋にかけてはクルーズ船が運航しており、川からまちを眺めることができる。旧市街の二重の城壁は現在残っておらず、内側のそれは路面電車も通る道路となっている。外側は堀割が残っており、緑地空間として遊歩道や公園が整備されている。川に向かって設置されたベンチに座ってくつろぐ人や、散歩やジョギングをする人の姿が見られる市民の憩いの空間となっている。

オストルフ・トゥムスキ地区

　オストルフ・トゥムスキ地区はヴロツワフのなかでも一番古い地区といわれている。現在はオドラ川の北岸に位置するが、

旧市庁舎
旧市場広場のシンボル的な建物。現在は市立美術館であり、半地下にはヨーロッパ最古といわれるビアセラーがある。

埋め立てられる前は島であった。1000年前にはピアスト王朝のボレスワフ英雄王がこの地をカトリックの重要な拠点として司教座を設置した。オストルフ・トゥムスキとは、「大聖堂のある島」という意味で、ここには聖ヨハネ大聖堂が建っている。聖ヨハネ大聖堂には2本の尖塔があり、ヴロツワフのまちを見渡すことができる。

この地区と中州の島を結ぶオストルフ・トゥムスキ橋はヴロツワフに多々ある橋のなかでも最も有名な橋のひとつで、「愛の橋」「恋人たちの橋」とも呼ばれる。2人の名前を書いた南京錠を橋の欄干にかけて鍵をかけ、その鍵を川へ投げ永遠の愛を誓うそうで、欄干にはたくさんの南京錠がかかっている。

オストルフ・トゥムスキ橋　ヴロツワフで最も有名な橋のひとつ。「愛の橋」「恋人たちの橋」とも呼ばれ、地元の人々や観光客に人気のスポットである。

旧市場広場

旧市街の中心にある旧市場広場は、クラクフ、ポズナンと並ぶ、ポーランド三大広場のひとつである。一辺約200mの大きな矩形の広場であるが、そこに立ってみても矩形の広場という印象はもてない。それは、広場の中央部に複数の建物が建っているからであり、また、聖エルジュビエタ教会は広場の中心ではなく北西部に横向きに位置している。これらはポーランドでよく見られる広場の形態である。

ヴロツワフの旧市場広場の中央部には、旧市庁舎と商業施設が建っている。かつては旧市庁舎の西側に守衛隊詰所、魚のマーケットもあったが、現在はこれらの建物はなくなっている。

旧市庁舎は、14世紀末から15世紀初頭にかけて建てられたゴシックとルネサンス様式の建物で、広場のシンボル的な存在である。現在は市立美術館として公開されており、ホールではコンサートも開かれる。また、旧市庁舎の半地下には創業1273年のヨーロッパ最古といわれるビアセラー、ピヴニツァ・シフィドニツカがある。地元の名士や貴族、さらにはゲーテやショパンも訪れたという。現在も中世の雰囲気が残されており、ビールの他、ポーランド料理やデザートが楽しめる。

広場にはオープンカフェやベンチ、噴水などが整備され、観光客や地元の人々で賑わっている。ヴロツワフには1999年とその10年後の2009年に訪れているが、2009年のほうがオープ

ンカフェも人も増え、賑やかになったように感じた。広場を取り囲む建物のファサードも修復を続けているようで、より華やかになった印象を受けた。そして、1999年と2009年の写真を見比べると、旧市庁舎近くに写る露天商が同一人物と思われ、同じような絵画や彫刻を売っていることに大変驚いた。広場の長い歴史から見れば10年という短い時間ではあるが、繰り返される日々の積み重ねが歴史をつくり、その一端を垣間見た気がした。

　旧市場広場の南西部には塩の広場があり、その名のとおりかつては塩の取引がされていた。現在は中央部に花屋が並び、静かで落ち着いた心休まる空間となっている。　　　　（AT）

左上）露天商（1999年）
左下）露天商（2009年）　旧市庁舎の近くで絵画と彫刻を売る露天商。10年前も同じ場所で商売をしていた。
中上）こびとの像　まちのあちこちに設置されており、地元の人々や観光客から親しまれている。
中下）塩の広場　旧市場広場に隣接する塩の広場には、中央部に花屋が並ぶ。
右）旧市場広場を囲う建物　オープンカフェが並び、賑わいを見せている。建物のファサードも修復され、より華やかな雰囲気となった。

水辺と共生する

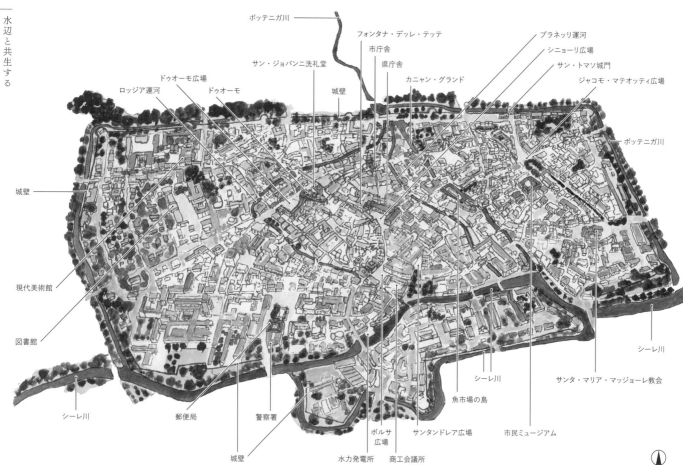

ポッテニガ川

フォンタナ・デッレ・テッテ

プラネッリ運河

市庁舎

シニョーリ広場

サン・ジョバンニ洗礼堂

県庁舎

サン・トマソ城門

ドゥオーモ広場

カニャン・グランド

ジャコモ・マテオッティ広場

ロッジア運河

ドゥオーモ

城壁

ポッテニガ川

城壁

現代美術館

図書館

シーレ川

シーレ川

サンタ・マリア・マッジョーレ教会

魚市場の島

シーレ川

郵便局

警察署

市民ミュージアム

城壁

ボルサ広場

サンタンドレア広場

水力発電所

商工会議所

ドゥオーモ
ドゥオーモ広場
ボッテニガ川
水門
ボッテニガ川
シニョーリ広場
シーレ川
サンタンドレア広場
シーレ川
シーレ川
100m

トレヴィゾはヴェネツィアの北30kmほどに位置するヴェネト州の都市で、ボッテニガ川とシーレ川の合流地点に位置する。北から流れてくるボッテニガ川の水は市壁をくぐって水門で3本の運河に分けられ、都市内を流れやがてシーレ川に注ぐ。トレヴィゾはこれらの川と運河と共に発展してきた都市である。

トレヴィゾの豆知識

ラディッキオ・ロッソ・ディ・トレヴィゾ・タルディーボという野菜がある。チコリの一種で、トレヴィゾ産の赤ラディッキオという意味である。このラディッキオにも水が関係する。畑から根ごと引き抜かれたラディッキオは湧水の流れる暗所でその根を浸水させ水耕栽培される。そこで新たに伸びた芯の部分が食用として出荷される。

豊かな水に支えられたイタリアの要塞都市

トレヴィゾに到着した日

　1994年ウィーンで借りた車でブレンナー峠を経てイタリアに入り、トレヴィゾにはまだ陽のあるうちに着いた。その日の宿を確保するため向かった先はツーリストインフォメーションである。出迎えてくれたのは優しそうな笑みを浮かべた初老の男性2人だった。当時自分の感覚としてはこうした窓口に立つ人は当然英語を話すと思っていた。しかし、状況は異なっていた。イタリア語しか通じないのである。身振り手振りと簡単なスケッチ、そして日本語で説明を繰り返しなんとかその日のホテルを確保した。まちの中心から車で10分ほど南下した場所にある小綺麗なホテルであった。

　ホテルのレストランがこの日は営業しておらず、夕食は他の店を紹介してもらった。紹介されたのは旧市街からこのホテルに向かう途中の店で、店の間口は狭く閉鎖的な印象であった。入店して人数を告げると奥の庭へ案内された。するとどうだろう、そこではテーブルがいくつも並んで恰幅のよいイタリア人たちが楽しそうにピザを食べて大声で笑っていたのである。言葉が通じなくても陽気なイタリア人の輪のなかに入ることはそう難しいことではなかった。美味しいピザはそのきっかけをつくってくれた。1990年代、イタリア全土で200余の都市を訪ねた。

そのなかで一番美味しかったピザ、それがトレヴィゾで食べたピザであった。

豊かな水とトレヴィゾの生活

紀元前15世紀シーレ川とボッテニガ川に挟まれた3つの丘に集落が形成されたとされる。それらはサンタンドレア広場、シニョーリ広場、ドゥオーモ広場の位置である。これらの場所は現在も旧市街の中心部に位置し、都市の中心的な空間となっている。

14世紀にはヴェネツィア共和国の支配下に入り、経済・文化が成熟する。16世紀の初めには堅固な市壁に囲まれた要塞都市となる。堀を巡らし市門を減らすことで都市へのアクセスを制限し守りを固めた。そして非常時にはボッテニガ川の水門を調節し市壁の外側の田園を水に浸し、都市内部を島のように孤立させ敵の侵入を防ぐという水による防衛システムが考えられていた。

北の水門で分かれた運河のうち、一番東側を流れるカニャン・グランドの中州には魚市場がある。この場所に魚市場が設けられたのは1855年で、昔はヴェネツィアで水揚げされた魚がシーレ川の水運を利用してトレヴィゾまで運ばれ、この魚市場で売られていた。現在も毎日市が開かれている。

また河川の利用は舟運だけではない。水車が設けられ製粉業や皮なめし業、染め物などの工房といった産業を支え、洗濯場として利用されるなど生活空間と密接な関係があった。特に水車を利用した製粉業が盛んだったことを考えれば、前述の美味しいピザに出会えたことも偶然ではなかったと思えるのである。現在も旧市街南側に水力発電所が設けられ豊かなシーレ川の水が利用されている。

水路が市中を巡るその風景は「気まぐれな水の線模様がからみ合い、その間をぬっていたるところに木立と庭園のエメラルド色が広がる」（ジョバンニ・コミッソ）と称された。過密な旧市街のなかに流れる水路は都市のオープン・スペースであり、それらが水・空気・光の流れをつくり出している。

水路に囲まれた旧市街には、いたるところに噴水がある。現

シニョーリ広場
旧市街の中心で三方を歴史的建造物に囲まれている。写真左からプレトリオ館、ポデスタ館、三百人館である。中央に見えるのはカンパノン（市民の塔）である。

ドゥオーモ
正面には6本の円柱によってプロナオス（神殿入り口）がある。現在見られるファサードは19世紀のものであるが、教会の起源は6世紀にまで遡る。

在FREE AQUA（無料の水）プロジェクトとしてこれらの噴水は紹介され、水を介して歴史と現代をつなぐ消費モデルを再考する活動が行われている。こうした街角の噴水は、人々の目にとまりそこに居場所をつくってくれる。

　言葉の通じない東洋人の必死の願いを根気よく聞き留め、陽気に受け入れてくれたトレヴィゾの人々の寛容な気質は、こうした水に育まれた豊かな都市空間に裏づけられているのかもしれない。　　　　　　　　　　　　　　　　　　　（TK）

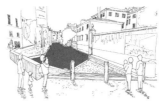

運河と市民生活
プラネッリ運河にはかつて洗濯場として使われていた場所が残されている。右手壁面には当時の様子が描かれている。

魚市場の島
カニャン・グランドの中州には魚市場の島がある。楕円形の島中央部には常設の魚市場があり、その周囲には4か所の階段で水面近くまで下りることができる。

ロッジア運河
ボッテニガ川が水門で3つに分けられたその一番西側がロッジア運河である。そもそもロッジア(Roggia)とは運河の意味で、8〜9世紀の市壁の位置とされる。この運河の位置を境界に土地利用が分けられていた。

カニャン・グランド
南端シーレ川との合流地点で、この右手にはかつて水車が設けられ製粉所があった。

水辺と共生する

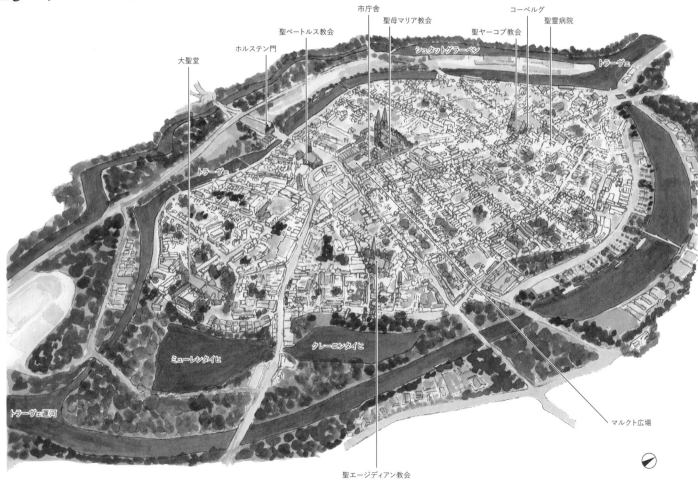

大聖堂

ホルステン門

聖ペートルス教会

市庁舎

聖母マリア教会

コーベルグ

聖ヤーコブ教会

聖霊病院

シュタットグラーベン

トラーヴェ

トラーヴェ

ミューレンタイヒ

クレーエンタイヒ

トラーヴェ運河

聖エージディアン教会

マルクト広場

マルクト広場

トラーヴェ

聖母マリア教会

トラーヴェ運河

大聖堂

100m

トラーヴェとヴァーケニッツ川の合流地点に立地したリューベクは豊富な水に恵まれて川による防衛体制を組みあげることができた。二重の水空間に囲われ、豊かな自然緑地空間を擁しており、細長い格子状の道路が構造となり、その中央にマルクト広場が位置づけられている。

リューベクの豆知識

ニシンとタラは塩漬けにして保存食にしていたが、そのため塩も重要な商品であった。ホルステン門の周辺には塩の倉庫として活用されていた建物が多く存在していた。ホルステン門は重厚な煉瓦造のため地盤沈下をしてしまい現在は傾いている。

川と運河による二重の水路で囲われた都市

　早朝メルンを出発し、北に30kmほどのリューベクに着いたのは朝8時過ぎであった。朝方雨が降ったようで空気が湿っていて路面は濡れていた。ホルステン門から旧市街に入ってマルクト広場に到着すると、朝の市場は準備中のようで、人の姿はまばらであった。

ハンザ同盟とリューベク

　まず、聖ペートルス教会の尖塔に上がり、塔の上からまちを確認することにした。バルト海の女王と呼ばれたかつてのリューベクは14世紀ハンザ同盟を組織、ニシンとタラの加工品を活用して莫大な富を蓄積し、14世紀後期の最盛期をつくり出した。しかしその後デンマークとの対立を境にハンザ同盟は勢い

リューベクの中心部
マルクト広場を中心に聖母マリア教会と市庁舎が見える。聖母マリア教会は13世紀から14世紀の間に建設された煉瓦造のゴシック建築である。

を失い、16世紀以降リューベクも衰退していった。

　リューベクは繁栄の象徴である7つの尖塔のまちとしてその名が知られていた。しかし第二次世界大戦で戦火を受け、灰燼に帰したという。戦災復興の結果、現在のリューベクには再び7つの尖塔を見ることができる。マルクト広場の聖母マリア教会の2本、大聖堂の2本、聖ペートルス教会の1本、聖カタリーナ教会の1本、それに聖ヤーコブ教会の1本、合計7つの尖塔である。

　聖ヤーコブ教会の前にはコーベルグという広場があり、その東側に聖霊病院がある。この病院は13世紀に建設された現存する世界最古の社会福祉施設のひとつといわれている。これはリューベクがハンザ同盟の盟主として大きな富を築きあげ、貧しい人々を救済する施設として建設したという意味をもつ。

マルクト広場
正面の建物が市庁舎である。マルクト広場の朝は花市である。市庁舎は13世紀前半に建設された。

ホルステン門と聖母マリア教会

　リューベクは旧市街の全体が二重の水路で囲われている。私たちが上った聖ペートルス教会の尖塔の展望台からは、旧市街全体の姿を確認することはできなかったが、近くの水路の部分は見ることができた。二重の水路空間とそのまわりが豊かな緑地空間で覆われているのが現在のリューベクである。その旧市街の入り口である重厚なホルステン門は若干傾いているようにも感じた。現在この内部は市の歴史博物館となっている。

　塔から下りてマルクト広場に戻った。花市は準備が整ったようでパラソルが整然と並んでいる。マルクト広場の北側には聖母マリア教会があり、広場からはその2本の尖塔を見上げることができる。市庁舎ができる前には、この教会が市庁舎の役目を担っていたと聞き、なるほどと納得をした。

　中世の世界観は次の文章によく表現されている。「かつてヨーロッパは森の王国であった」「森は見える国境であった。（中略）森はしたがって、見える国境というより、緑の海であった。ひとつづきの村や畑、未耕地、そして町は、森の海に囲まれた島であり、島国であった。中世ヨーロッパ世界は、点在し、散在する無数の島国より成り立っていた」（木村尚三郎 他『生活の世界歴史6 中世の森の中で』河出書房新社、1991）。中世のまちづくりの場合、まち全体を柵や壁あるいは堀割で囲い、周りの森にいる野獣や盗賊からまち自体を守った。そして、中央

に堅固な建物を建て、周囲を監視できるようにした。それが鐘楼や塔である。攻められたときに最後の砦となるのがこの堅固な建物である。リューベクの聖母マリア教会を見るとその担っていたかつての役割を想像できる。

市庁舎と二重の水路空間

　1250年に着工された市庁舎は、リューベクの繁栄の絶頂期に建設された。その威厳のあるたたずまいを見ると、繁栄の時代が市庁舎の各部のデザインに反映されていることが認識できる。市庁舎だけでなく、市内に残されているゴシック建築群からは、当時の栄光と誇りを感じとることができる。また都市を囲む二重の水路は、昔は防衛のために整備されたものだったが、現代ではその間の緑地空間を含め都市の環境を良質にする基盤となっている。　　　　　　　　　　　　　　　　　（SA）

聖霊病院
13世紀にリューベクの商人らが困窮者と病気の人のために設立した医療福祉施設である。

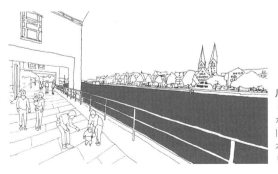

川沿いの眺め
トラーヴェの対岸からリューベクの旧市街を見る。2本の尖塔は聖母マリア教会である。

ホルステン門
15世紀に建設された。現在は博物館として利用されており、17世紀の当市の姿を再現した模型などが展示されている。

24 ストラスブール ［Strasbourg / フランス］

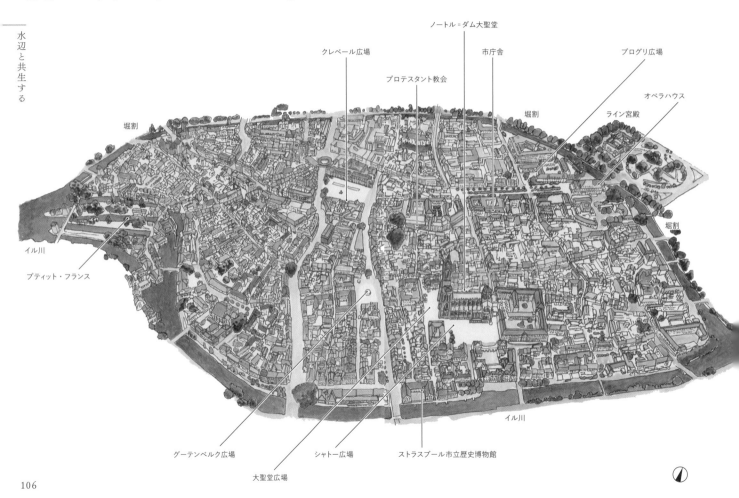

ノートル＝ダム大聖堂

市庁舎

クレベール広場

プロテスタント教会

ブログリ広場

オペラハウス

堀割

堀割

ライン宮殿

堀割

堀割

イル川

プティット・フランス

イル川

グーテンベルク広場

シャトー広場

ストラスブール市立歴史博物館

大聖堂広場

グラン・ディル（イル川で囲まれた島）のなかでノートル゠ダム大聖堂は傑出したランドマークである。この大聖堂広場からはじまって西側のグーテンベルク広場、その北のクレベール広場、さらに東に延びる高幅員のブログリ広場の配置とそれらをつなぐ街路がこのまちの構造となっている。

ストラスブールの豆知識

ストラスブールの鳥はコウノトリであり、イメージキャラクターとしてさまざまなところに姿を見せている。ヨーロッパのコウノトリはシュバシコウ（コウノトリの亜種）で、多数の関係グッズが土産物として売られている。幸福を運ぶ鳥として親しまれている。

イル川の中州グラン・ディルのまち

国境とストラスブール

　1998年、ドイツとの国境を越え、コルマールを経由してストラスブールに入った。国境のライン川から直線で5km足らずの都市であり、その位置から過去にドイツとフランスで領有権の争いがあったことが容易に理解できた。鉄鉱石や石炭の豊富な産出を誇るこの地域が、二国間の領土問題による争いを繰り返して、第二次世界大戦の結果フランス領となり現代に至っている。この領土問題は歴史の教科書でアルザス゠ロレーヌの課題として学んだ覚えがあり、その中心都市がストラスブールである。

ノートル゠ダム大聖堂
大聖堂をグーテンベルク広場から望む。大聖堂は1176年の火災の後にゴシック様式で再建された。高さ142mの鐘楼を有している。

グラン・ディルとノートル゠ダム大聖堂

　私たちは旧市街西側の駅近くに駐車して、徒歩で中心部へアプローチした。水路沿いのプティット・フランス地区には、コロンバージュの家が並び、水面に映り込んだ姿はフランスの片田舎を感じさせた。

　まずはストラスブールのランドマークとなっているノートル゠ダム大聖堂へ向かった。大聖堂はイル川のつくり出した楕円形の中州グラン・ディルのなかにある。グラン・ディルとは大きな島という意味であるが、実は長径が1.2㎞、短径が800mと歩ける大きさである。大聖堂の建つあたりは、ストラスブールの最も古い歴史をもつエリアで、青銅器時代（紀元前1200年〜同1000年頃）すでに集落があったことが確認されている。この地にはその後ケルト人が居住し、その集落はアルゲントラーテと呼ばれていた。これはケルト語から推測して「水の要塞」の意味になるという説がある。古くから水が意識されてきたこ

イル川の水上バス
ストラスブールは、水運で栄えた水の都で現在は水上バスが運行している。プティット・フランス地区には、コロンバージュのある建物が並ぶ。

とがうかがえる。

　現在の大聖堂は1176年〜1439年に再建されたものである。グーテンベルク広場から望むノートル゠ダム大聖堂は周囲の建物の隙間から、その一部しか見ることができない。大聖堂の幅は約50m、高さが142mあるのに対し、大聖堂前の道は幅員10mしかないのである。このアプローチは抜群の効果があり、この10m幅員の道路を抜けたときに巨大な大聖堂のファサードに出会えるのである。ストラスブール司教の強大な権力を感じる空間である。

水運と陸運

　ライン川は今でもヨーロッパの物流の大動脈となっており、ストラスブール港はライン川におけるフランスの玄関口となっている。そのため港周辺には工場などが集積しており、現在ストラスブール経済を支える基盤となっている。そしてストラスブールからパリ方面やスイス方面への運河も整備されている。

　かつてストラスブールの商人は、この水運について特権をもっていた。通行税をはじめとするあらゆる税の支払いを免除されていたのである。このことはまちの商業基盤に大きな影響を与え、経済発展に寄与した。

　また陸路についてもストラスブールは重要な意味をもつ。ローマ時代すでにこのまちからは何本も放射状に道路が延びてい

左上）**クレベール広場**　フランス革命期に活躍したクレベール将軍を記念してできた。クリスマスマーケット開催時の一大イベントが有名である。

左下）**コロンバージュ**　コロンバージュとは木骨造の建築のフランス語読みである。英語ではハーフティンバーと呼ばれる。イル川の中州グラン・ディル（大きな島）は、ストラスブールの旧市街である。

右）**ノートル゠ダム大聖堂の天文時計**　1574年に完成し、現在のものは19世紀につくられたものである。高さは18mあり世界最大級である。からくり時計は12時30分からはじまる。

イル川の水門　水位調節をはかる装置で水上バスがここを通過するときに水門を開け閉めする。

た。これらの道路は、近隣のまちだけでなく遠く異国の地までの陸路移動を可能にしてきた。地図上でストラスブールから半径500kmの円を描くと8つの国に到達できる。古くから交通の要衝として栄えてきた理由がわかる。大国がその領有権を争ってきたのも納得がいくのである。

グーテンベルク広場

　私たちは大聖堂を出てグーテンベルク広場に戻った。印刷技術の発明で知られるグーテンベルクは1434年頃から約10年間このまちに住んでいた。彼はこの地でワインのブドウ絞り機を利用して活字印刷機をつくったとされる。彼の銅像が立つグーテンベルク広場は、大聖堂のファサードの先にある。銅像は広場の方向を向いているが、彼から直接大聖堂のファサードを見ることはできない。司教座とつながりつつも独自に経済活動を発展させてきたまちを象徴しているかのようである。　（SA）

オアシスに生きる

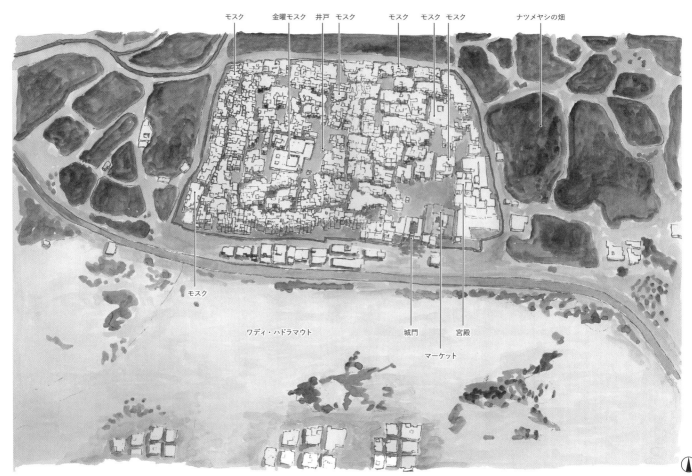

モスク　金曜モスク　井戸　モスク　　　モスク　モスク モスク　　　ナツメヤシの畑

モスク

ワディ・ハドラマウト

城門　　宮殿

マーケット

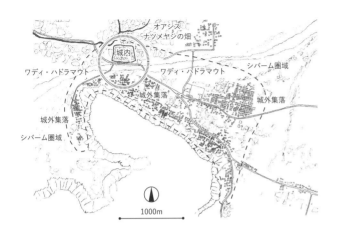

シバーム、通称「砂漠の摩天楼」は南北約240m、東西約320mの矩形の城壁で囲まれ、建物は日干し煉瓦で5〜8階の塔状建築である。城門は1か所で内側に広場があり、宮殿が面している。中央部分の広場に金曜モスクがあり、公共の井戸が配置されている。各地区に小規模なモスクが6か所あり、ミナレット（尖塔）がその位置を示している。

イエメンの豆知識

男たちはカートという噛みタバコを常用している。生の葉を口に含み噛んでその液を味わう。噛んだ葉は口のなかで一方の頬に溜める。それは男たちが頬を膨らませていることで確認できる。塔状の住居の最上階は男のサロン空間となり、カートルームと呼ばれている。

ワディ・ハドラマウトと砂漠の摩天楼

ハッピーアラビアとイエメン

　イエメンの建築に興味をもったのは一冊の本に出会ったことによる。イエメンの建築技術を解説した本を手に入れて、なかの写真を見るうちに無性にイエメンへ旅をしたくなった。それは1994年から1995年にかけて実現した。しかし1994年は入国した日の夜に現地で内戦が起こったため数日間ホテルに缶詰となり、その後はイエメン脱出に全力を注ぐこととなってしまった。これが悔しくて1995年再びイエメンの地へ向かった。今度は10日間の行程が無事実施できてイエメンの建築を満喫できた。

　イエメンはアラビア半島の先端に位置し、ハッピーアラビアと呼ばれる。雨期に入るとそれまでの乾燥地帯が緑いっぱいの

砂漠の摩天楼と呼ばれるシバーム
2000年以上の歴史があるが、現在の形は16世紀以降に建設されたものである。日干し煉瓦だけで5階から8階の建物がつくられている。

環境に変わるのである。イエメンの風土は4つに区分される。第一は紅海、アラビア海の低地部分であり、高温多湿の熱帯である。第二は首都サヌアを中心とする3000m級の山が連なる中央高原山岳地帯である。第三は東部のハドラマウトの谷を中心とする砂漠地帯である。第四は二と三の間の東部丘陵地で、山岳から砂漠へ移行していく中間地帯である。

ワディ・ハドラマウトとシバーム

砂漠の摩天楼と呼ばれるシバームのまちは前述第三のワディ・

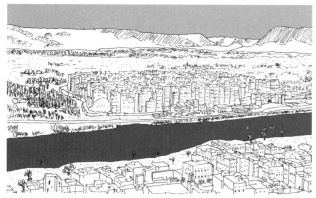

雨期の状況
都市は城壁で囲われた砂漠の摩天楼の部分と南側にスプロールした部分とに分かれている。雨期になると間のワディ・ハドラマウトが肥沃な水の流れとなる。イエメンがハッピーアラビアと呼ばれる所以である。

ハドラマウトの地帯で、この地域の中心都市サユーンから西に約20kmに位置している。旧市街は日干し煉瓦の5階から8階建ての塔状住棟で構成されており、約240m×320mのエリアが城壁で囲われている。ワディとは砂漠状の谷である。谷を囲む大地は標高差300mに及ぶところもあるが、丘の上は岩盤で人が住むところでないので谷筋に人の集落ができる。シバームのまちは紀元前3世紀にはハドラマウト地域の都として存在した歴史がある。周囲はオアシスが広がりナツメヤシを生産している。雨期には旧市街とその南側のスプロール部分の間が川状に変貌するため、通常の砂漠と異なっている。雨期の水の流れが肥沃な土壌を運んできてくれるのである。それがワディ・ハドラマウトの環境である。

イエメンの建築材料

イエメンの建築材料は山岳地帯では石材であるが、砂漠地帯では日干し煉瓦を使用する。サヌアなどの山岳地帯と乾燥地帯とが混在する地域では、下層部分に石材を使用し、上層部分で日干し煉瓦を使用する例も見られる。シバームの砂漠地帯では8階建ての建築でも日干し煉瓦を使用している。この場合、下層は壁の厚さが肥大化し、建築と空間が逆転してなかのスペースが少なくなってしまう。このため下層部分を倉庫や家畜の領域とし、上層に行くに従い居住空間としている。

左）金曜モスク
城壁で囲われたシバームのまちの中心にある金曜モスクである。左側にある小さなブロックは井戸施設である。

右上）小広場
建物の間には小さな広場がつくられ農作業スペースとなっている。5階から8階建ての建物の最上階にサロンがあり、男たちのカート（嚙みタバコ）ルームとなっている。

右下）宮殿
シバームが王国の首都であった頃の宮殿が右側の建物である。現在はユネスコの施設が入っている。

砂漠での水確保

　砂漠地帯の水確保の方法は、水源から水路を通して必要な場所へ導入することである。オアシス地帯の場合は井戸を掘削することで水の確保はできる。たとえば、北アフリカのムザブの谷の7つの都市の場合はオアシス地域に井戸を掘ることで水の供給が可能である。アラビアの砂漠の場合は、ペルシャの時代からカナートという方法で水供給が行われてきた。それは水源から地下水道を掘削して都市まで導くことである。地下水道はメンテナンスのために縦穴を掘って地上まで抜くことが必要で、航空写真では地下水道の上に点々と穴が都市まで続いている姿を見ることができる。

　わずかでも地表水が確保できる地域では地表水を導入する方法もある。雨水を貯める水路を計画して集水する方法もある。イエメンの砂漠の摩天楼の場合は周囲がオアシスのため、生活用水は井戸から確保できる。そして雨期に流れが生じるため、一時的に水と肥沃な土を得ることができる。　　　　（SA）

26 ヒバ ［Xiva / ウズベキスタン］

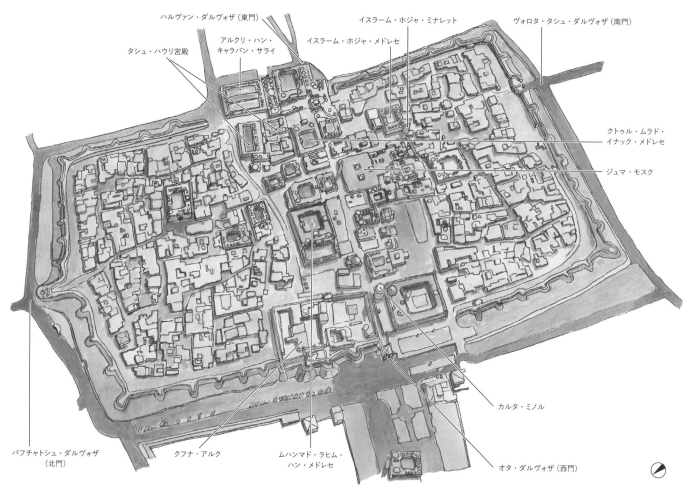

ハルヴァン・ダルヴォザ（東門）

タシュ・ハウリ宮殿

アルクリ・ハン・キャラバン・サライ

イスラーム・ホジャ・メドレセ

イスラーム・ホジャ・ミナレット

ヴォロタ・タシュ・ダルヴォザ（南門）

クトゥル・ムラド・イナック・メドレセ

ジュマ・モスク

カルタ・ミノル

パフチャトシュ・ダルヴォザ（北門）

クフナ・アルク

ムハンマド・ラヒム・ハン・メドレセ

オタ・ダルヴォザ（西門）

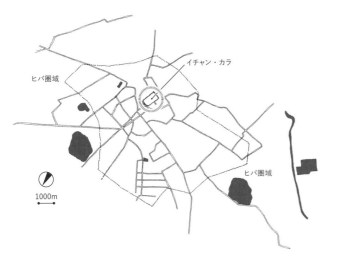

ヒバの旧市街はイチャン・カラ（内城）と呼ばれる。これは城壁に囲まれた旧市街を意味する。要塞と市街地からなる中央アジアのオアシス都市の基本形である。その郊外部分に拡大した庶民の居住域はディシャン・カラ（外城）と呼ばれる。現存するイチャン・カラとしてはヒバの東南東約50kmに位置するハザラスプにもある。

ヒバの豆知識

カルタ・ミノルはヒバにある未完成のミナレット（尖塔）である。基部の直径は約14m、高さは26mで、その側面は青の色釉タイルで装飾されている。19世紀半ばムハンマド・アミン・ハンによって着工されたが建設途中でハンが亡くなり建設が中断されたものである。完成には至らなかったとはいえ象徴的な巨大な建造物である。

水にちなむ名をもつ砂漠のオアシス都市

ヒバの水

　ウズベキスタンは年間降水量200〜300mlで、国土の大部分が砂漠に覆われている。航空写真で見るとヒバは砂漠の入り口に位置するオアシス都市であることがわかる。伝説によると湧き出た泉の水がヘイヴァク（美味しい水）と呼ばれたことが都市の名称につながったとされる。

　ヒバの世界遺産イチャン・カラ（内城）ではモスクやメドレセ、宮殿、霊廟これらの施設の至るところで井戸や泉を目にすることができる。

　2008年春ヒバを訪れた。主な施設の見学がほぼ終わった頃、同行したガイドが「地下の貯水池を見ることができる」と言ってきた。私たちが宮殿の井戸で水汲みをしていた女性に強い興

イチャン・カラのまち
西端のクフナ・アルクから見たイチャン・カラのまち。全体が砂漠の土の色をしている。

115

味を示したせいか、水に興味があると思われたようである。そこはクトゥル・ムラド・イナック・メドレセ（神学校）の中庭で、中央に石造りのドームと小さなトンネル状の入り口があった。曲線を描く狭い階段を下りていくと、円形の貯水池があった。イチャン・カラの人々は過去数世紀の間、こうした地下の貯水池から水を汲んで飲んでいたという。

この貯水池見学時のことである。地下で写真を撮っていると自分を呼ぶ声が聞こえた。地上への階段を少し戻るとそこには壁の穴にすっぽりはまった同行者の姿があった。写真を撮ろう

タシュ・ハウリ宮殿ハーレムの中庭　宮殿は19世紀前半にアラクリ・ハンによって建造された。奥に見えるアイヴァン（窪みの部分）はハン自身と4人の妻たちのための空間である。この中庭にも井戸がある。

とよじ登ったが抜けられなくなったらしい。背中のリュックを引き無事救出できたが、決して広い空間ではないことが体感できた一幕であった。

貯水池の建設には組積造のドームとして建築的な規模の限界もあったと考えられる。ウズベキスタンの人々は恰幅の良い人も多い。そうした人たちがこの場所で水を汲んでいたとすると、かなり窮屈な思いをして取水していたのではないだろうか。ここは砂漠に隣接する市中で水が確保できる貴重な場所のひとつであったのであろう。

水の流れとヒバの歴史

ウズベキスタンは国境を接する周囲の国々も海に接していない「二重内陸国」である。国土の8割がキジルクーム砂漠であり、アム・ダリア川とシル・ダリア川からの水の確保が都市の成立に必要不可欠なものとなっている。この2つの河川は塩湖であるアラル海に流れ込む。アラル海自体は乾燥帯に位置し流出河川はない。

17世紀、アム・ダリア川の水系が変わったためにそれまでのホレズム帝国の都ウルゲンチからヒバへ中心が移った。20世紀まで続くヒバ・ハン国の名はこのヒバが首都になったことに由来している。

ヒバ・ハン国は17世紀から19世紀、運河に設けた堰の建設

クトゥル・ムラド・イナック・メドレセの中庭
貯水池上部のトップライトのあるドームと地下への入り口がある。

左）地上への階段
地下の貯水池から階段で地上に上がる。
中）イチャン・カラの城壁
ヒバのイチャン・カラは東西約450m、南北約650mの長方形をしている。その外周は高さ8mの城壁に囲まれている。
右）井戸で水を汲む女性
イチャン・カラのなかには今も使われている井戸がある。

や灌漑事業の展開に伴う人民の移動を行い、周辺地域への影響力を拡大させた。19世紀には運河の堰によって水供給を制限することで隣国を服従させる政策をとっている。

　そして20世紀にはアラル海の干ばつが大きな問題となる。1960年頃までアラル海は世界第4位の表面積をもつ湖であった。それが2010年にはその約15％にまで縮小してしまった。これは旧ソ連時代の灌漑農業の発展による河川の取水量の増加とアラル海への流入量の減少による。さらにこの干ばつはアラル海の塩分濃度を上げることになり周辺の生態系にも大きな影響を及ぼした。すなわちそれは周辺住民の生業にも影響を与え、健康被害も発生させたのである。

　旅行中目にしたアム・ダリア川は川幅も広く、水量も十分あるように見えた。流れ着く先のアラル海が干上がっているとはにわかに信じがたい風景であった。地図で見るとアム・ダリア川は、アラル海に到達する頃には糸のように細い。

　ヒバは水に因む名をもち、水の大切さを誰よりも知る地であり、水の流れに左右されてきた歴史をもつ都市でもある。今後も水との関係が都市の歴史をつくるのかもしれない。　　（TK）

27 ロンダ ［Ronda / スペイン］

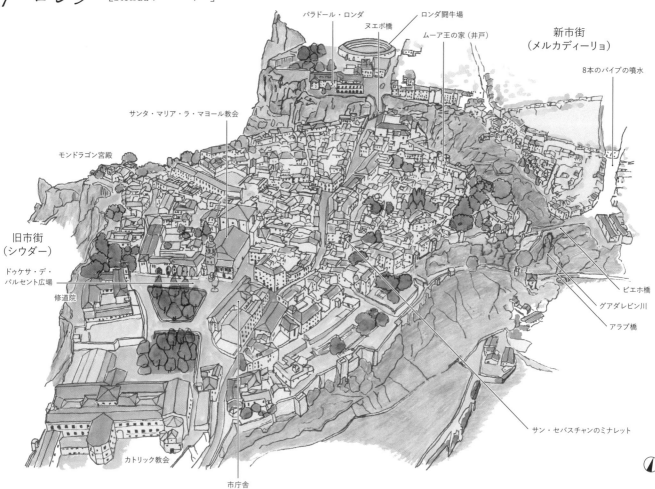

パラドール・ロンダ
ヌエボ橋
ロンダ闘牛場
ムーア王の家（井戸）
新市街
（メルカディーリョ）
8本のパイプの噴水
サンタ・マリア・ラ・マヨール教会
モンドラゴン宮殿
旧市街
（シウダー）
ドゥケサ・デ・パルセント広場
修道院
ピエホ橋
グアダレビン川
アラブ橋
サン・セバスチャンのミナレット
カトリック教会
市庁舎

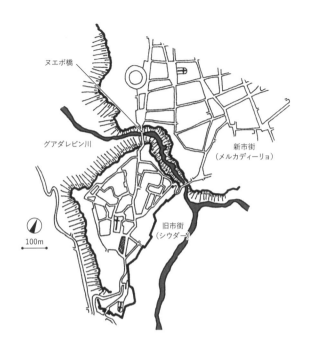

ヌエボ橋

グアダレビン川

新市街
（メルカディーリョ）

旧市街
（シウダー）

100m

都市ロンダの旧市街と新市街を分ける要素はグアダレビン川で大きく切れ込んだ渓谷である。ロンダ市庁舎など主要な施設は旧市街に存在しているが、新市街への拡張は大きく、中央駅は新市街にあり、また、ロンダ闘牛場も新市街に建設された。旧市街と新市街は3つの橋がつないでいる。

ロンダの豆知識

新市街メルカディーリョにある闘牛場は1785年に建設された。近代闘牛術の創設者とされるフランシスコ・ロメロはこのロンダに生まれた。彼は闘牛の規則を確立し、その孫のペドロは、とどめのひと突きを信条とする闘牛の「ロンダ流派」の創始者となった。

地形が守るまちと井戸空間

　世界には写真を一目見ただけで行ってみたいと思う場所がある。そのひとつがロンダのヌエボ橋であった。グアダレビン川が削ったタホと呼ばれる渓谷に架かる橋である。ロンダはアンダルシア州マラガ県の白壁の都市である。アンダルシアの観光で欠かせない都市はグラナダ、セビリア、コルドバであるが、これらにロンダを加えるとさらに多彩な魅力が増すと考える。

ロンダの歴史

　ロンダはスペインで最も古い都市のひとつである。人類居住の起源は紀元前6世紀のケルト人に始まる。その後フェニキア人、ローマ人、アラブ人らがこの土地に移り住み支配してきた。

　このロンダの歴史のなかで現在の都市に最も影響を与えてい

ヌエボ橋
ロンダはグアダレビン川の峡谷によって、新市街（左）と旧市街（右）が分けられている。間に架かるのがヌエボ橋である。

る重要な出来事は、713年からのイスラーム支配と1485年のアラゴン王フェルナンド2世によるレコンキスタ（国土回復運動）による奪還である。奪還後、旧市街シウダーではそれまでのイスラーム建築がキリスト教建築に塗り替えられていく。シウダーの中心ドゥケサ・デ・パルセント広場にあるサンタ・マリア・ラ・マヨール教会は、15世紀から16世紀にかけてモスクの跡地に建てられた。ムデハル様式の尖塔を改造した鐘楼など一部モスク時代の名残も残っている。こうして現在見られるムデハル様式の建築は、イスラーム建築とキリスト教建築が融合してできあがっていったのである。8世紀間のイスラーム支配を経てキリスト教の世界に戻ったことは、文化の融合も独特なものが継承されていると考えたほうがよい。

　現代のロンダは、世界中から多くの観光客を集める観光都市である。

3つの橋と井戸

　ロンダの旧市街シウダーと新市街メルカディーリョをつなぐ3つの橋がある。アラブ橋、古い橋を意味するビエホ橋、そして18世紀に建設されたヌエボ橋（新しい橋）である。ヌエボ橋は深い谷底に基部を築いて架けられており、最も高いところで高さ98m、長さ70mの規模である。これらの橋の架かる渓谷タホは、旧市街を守る自然の城塞として機能してきた。

左）ヌエボ橋と旧市街入り口　ヌエボ橋には傭兵所を利用した博物館がある。橋の高さは98mで長さは70mの規模である。
右）ロンダ峡谷　グアダレビン川のロンダ峡谷は急峻である。

　しかし、これは同時に生活に必要な水をどうやって確保するかという問題にも直面する。現在「ムーア王の家」と呼ばれる邸宅には、深い渓谷の川面まで下りて水を汲むために掘られた井戸がある。14世紀、イスラーム支配の時代に設けられたものである。かつては奴隷たちが水を汲みにこの井戸の階段を上り下りしていたらしい。シウダーの住民に安全に水を供給するために設けられた井戸である。

　だが皮肉にも1485年、レコンキスタのためキリスト教軍がロンダに攻め入ったのはこの井戸からだったという。シウダー

左）公共の泉　新市街のビエホ橋の入り口にある公共の泉。背景はカトリック教会。
中）新市街　新市街のソコロ広場。現在は地下駐車場がある。
右）旧市街　旧市街の中心広場ドゥケサ・デ・パルセント広場のサンタ・マリア・ラ・マヨール教会。

への水の供給が遮断されたことによって、イスラームはすぐに降伏せざるをえないことになった。都市の生命線であった井戸が、逆にその都市を窮地に追い込むことになったのである。

橋の写真

　私たちはロンダでは宿泊せず次の対象であるグラナダに向かうことにしていた。しかし、その前にあのロンダを象徴するヌエボ橋を下から見上げるアングルをとらえたいという欲望を打ち消すことができず、崖下に向かう細い道を探して9人乗りの

フォードのトランジットで下った。オリーブ畑に囲まれた舗装状態の良くない道を下りていくと、小さな展望広場があり、そして、ついにロンダらしい岩山に挟まれて橋で結ばれた、あの写真を撮影することができたのである。実際自分の目で見たそれは、切り取られた写真のなかで見ていた風景とはまた異なる、圧倒的な迫力のある景観であった。その高さを水のために人が往復していたことにも驚かされる。　　　　　　　（SA）

121

28 広島城 ［日本］

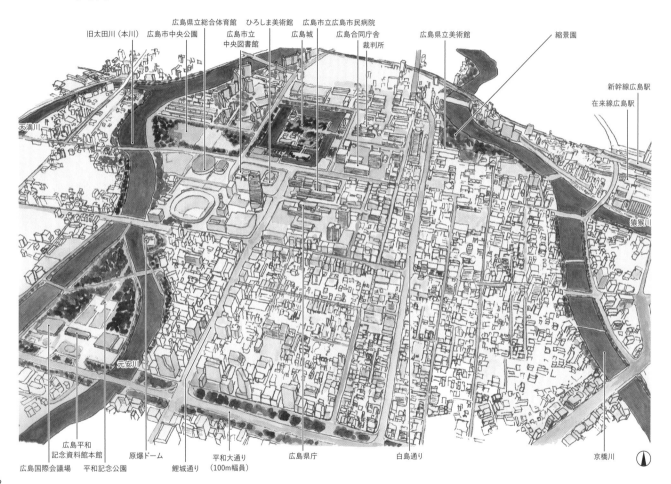

旧太田川（本川）
広島市中央公園
広島県立総合体育館
広島市立中央図書館
ひろしま美術館
広島城
広島市立広島市民病院
広島合同庁舎裁判所
広島県立美術館
縮景園
新幹線広島駅
在来線広島駅

天満川

猿猴川

元安川

広島国際会議場
広島平和記念資料館本館
平和記念公園
原爆ドーム
鯉城通り
平和大通り（100m幅員）
広島県庁
白島通り
京橋川

太田川河口デルタ地帯に築かれた平城

広島城の成り立ち

　戦国武将毛利元就の孫の輝元が1589年に築いた広島城は、それまでの毛利氏の居城であった郡山城を捨て、広島の太田川デルタ地帯に平城を築城したものである。しかし、関ヶ原の戦いで西軍の総大将となった輝元は東軍に敗れ、徳川家康によって周防・長門へ転封になった。その後、毛利領であった安芸・備後両国（広島県）は福島正則に与えられた。

　福島正則は広島城の普請を許可なく行ったことにより信濃高井野に蟄居することになった。その後1619年、二代将軍徳川秀忠によって浅野長晟が配置された。江戸時代は浅野家の係累が広島を統治し、明治を迎えた。以上が築城から以降の広島城の城主の転遷の歴史である。広島城は内堀・中堀・外堀と、太田

広島城
太田川
人口集中市街城
太田川放水路
天満川　元安川　猿猴川
旧太田川（本川）
京橋川
草津港
宇品
広島港
1000m

広島市の市街地は旧太田川の扇状地に立地している。江戸時代の広島城はこの扇状地の中央に築かれ、堀割と河川の流れを防衛の要としてきた。明治になってから堀割は埋め立てられ、内堀のみとなった。旧太田川は何度も洪水を経験しているが、太田川放水路によって改善された。

広島城の豆知識

1958年に再建された広島城は鯉城（りじょう）とも呼ばれ黒塗りの天守として有名である。満開の桜とのコントラストが美しく、平和記念公園の桜や、原爆ドームの桜と共に広島市内の桜の名所となっている。

広島城
堀割に囲まれた広島城。春には城内は桜で埋まり、人々の憩いの空間に変わる。

川による水面で囲われた平城として万全の守りの体制をもった総構えの城であった。

1871年廃藩置県により広島県が成立し、県庁が広島城本丸に設置された。しかし、同年軍隊の施設が城内の本丸に設置されると県庁は三の丸に移転し、さらに1873年軍施設が第五軍管広島鎮台と改称され、県庁は城外に移転した。1894年日清戦争時には、広島に大本営が置かれた。その理由は瀬戸内海に面して大型船が利用可能な宇品港が開港していたことと、山陽鉄道が広島まで開通して軍事輸送が容易になったということによる。

1911年都市化の進行とともに外堀が埋め立てられ、水運を担っていた西塔川も埋め立てられた。江戸時代には総構えの状態でまちごと防衛体制を維持していた広島城が変転していったのである。

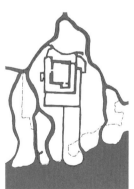

江戸時代の広島城
太田川の複合した流れと城の総構えの構造（一点鎖線の内側が総構えの範囲）を示したもの。

原子爆弾による荒廃と復興

1945年原子爆弾の投下により広島の市街地は灰燼に帰し、広島城の天守閣は倒壊し門や櫓は焼失した。原爆投下は広島にとって、他の戦災とは異なる筆舌に尽くしがたい被害の大きさと内容であった。戦後、広島の戦災復興は進み、市民にとって広島城の修復は心の支えとなっていった。第6回国民体育大会は1951年に広島県で開催されたが、それに先だって開かれた体育文化博覧会では模擬天守が木造で建てられた。これを機会に天守再建の民意が盛りあがり広島復興大博覧会の一環として天守閣が鉄筋コンクリートで再建されることとなり、1958年に竣工した。

一方、城の内堀は明治時代まで太田川から導水していたが、その後埋め立てなどにより閉鎖性水域となり、水質が悪化して

現在の広島城
原爆で破壊された広島城の内堀と城内の天守閣および護国神社を市民の要望により復元したものである。

いた。これらは平成になり、旧太田川から導水し内堀の環境改善が行われた。

　また、都市広島の復興も着実に進んでいき、その主要な内容は次のものであった。第一は鉄道と道路についての都市機能の復興である。道路は従来のものを基本として幅員を増加していく方針をとった。そのなかで、100ｍ幅員の平和大通りの企画は、市民の意識にとって、大きな希望を与えるものとなった。ただライフラインの復興はかなり難儀したようである。

　第二は爆心地との関係での緑地公園の整備である。平和記念公園の建設は広島市民総意の反映となった。

　第三は住宅の整備である。多くの家を失った市民に住宅の供給が重要な政策となった。基町地区における高層住棟の再開発は、その目的を達成するひとつの課題とされた。

　第四には太田川やその派川の河川沿いの緑地の整備である。これが将来の広島市の環境整備の重要な課題となっていった。太田川は国土交通省による「水の郷百選」に認定されるまでに環境が醸成されていったのである。整備は河川の水質だけでなく河川沿いの緑地および護岸や、それに付随するイベント活動などに及ぶ。これは広島市だけの問題ではなく太田川水系13市町に及んだ水資源を涵養するための努力の賜物と考える。「水の郷百選」では「質の高い水辺空間や水都文化が形成された『水の都ひろしま』の実現」として評価された。　　　　　（SA）

旧太田川の住吉橋付近の流れ
広島市の中心部扇状地は、旧太田川とその支流で構成されている。水質の良さで「水の郷百選」に選定されている。

原爆ドームと平和記念公園
原爆ドームを中心に平和記念公園は建築家丹下健三によって設計されたものである。

元安川(左)と旧太田川(右)の分かれる地点
川岸に親水空間が整備されている。

29 バンベルク ［Bamberg / ドイツ］

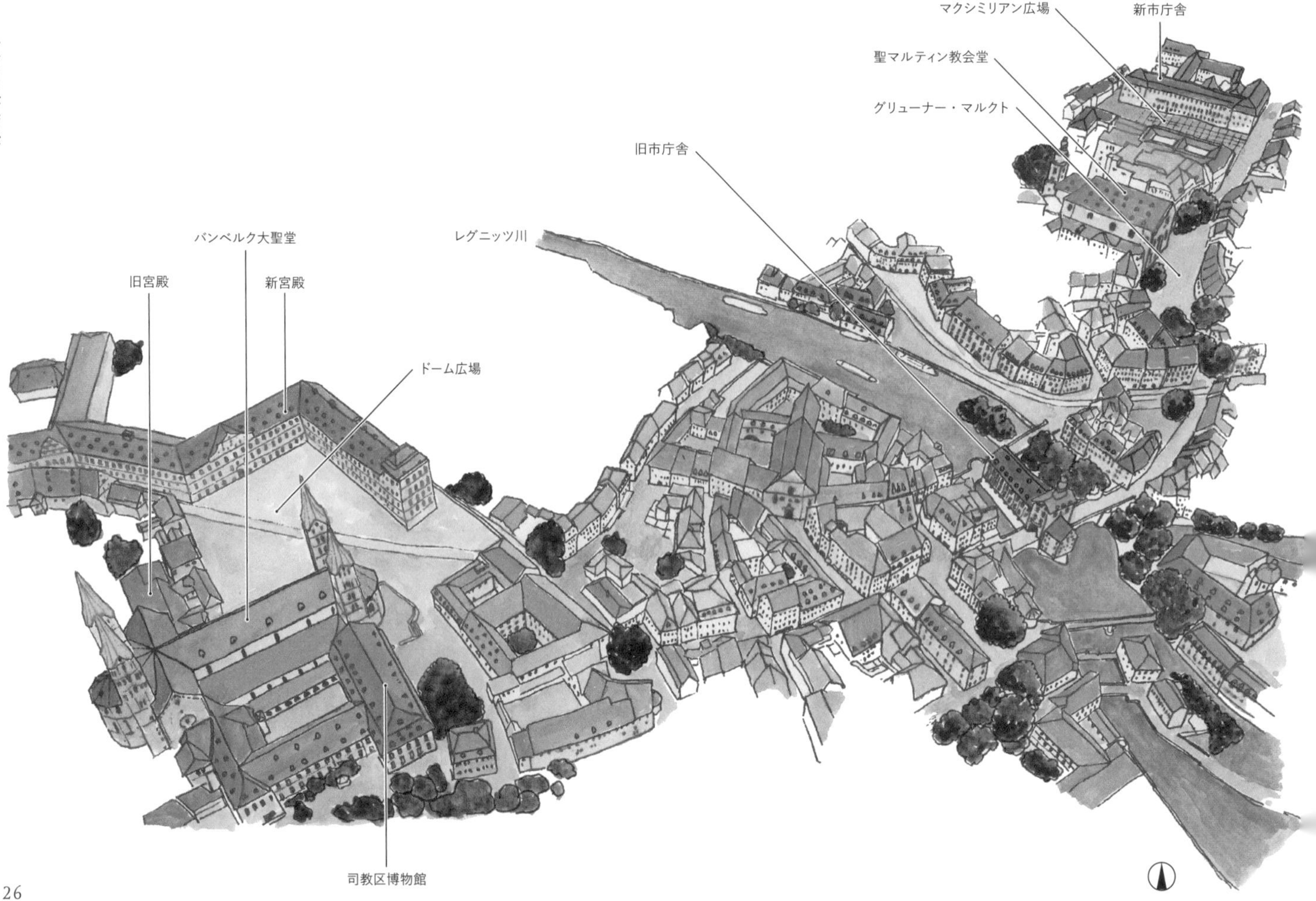

マクシミリアン広場

新市庁舎

聖マルティン教会堂

グリューナー・マルクト

旧市庁舎

レグニッツ川

バンベルク大聖堂

新宮殿

旧宮殿

ドーム広場

司教区博物館

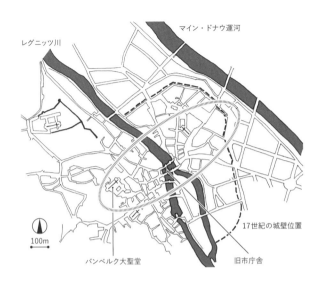

レグニッツ川
マイン・ドナウ運河

17世紀の城壁位置

100m

バンベルク大聖堂　　　旧市庁舎

旧市街の中心軸となるレグニッツ川を挟んだ両側に丘陵地区と中州地区の二地区がある。大聖堂や宮殿のある丘陵地区と、商業・手工業中心に発展してきた市民のための中州地区である。さらにその北東部に流れるマイン・ドナウ運河の外側には伝統的な菜園地区が配置されている。

バンベルクの豆知識

マイン・ドナウ運河は国際的にはライン・マイン・ドナウ運河と呼ばれ、バンベルクのまちの北東部を貫通している。マイン川はライン川の支流である。運河は1846年に完成したが、1922年から運搬船の航行を可能にするため改修、延長工事がはじまり、1992年に北海から黒海に至る3500kmが全通した。

レグニッツ川を境界とする司教都市

3つの地区から構成される旧市街

バンベルクは1007年、神聖ローマ皇帝ハインリヒ2世により司教区となり、宗教、文化の中心地として発展してきた司教都市である。第二次世界大戦で被害を受けることなく大聖堂をはじめとする歴史的建造物が数多く残されており、1993年に三地区から構成される旧市街全体が世界遺産に登録された。

レグニッツ川の南西側、丘陵地区は聖職者の居住区である。ここは起伏に富んだ丘陵地であり、7つの丘には教会や城などシンボリックな建築物が建ち、その地形から「フランケンのローマ」という別名がついている。4つの塔を有する大聖堂も小高い丘の上にそびえ、11世紀から19世紀初めまでバンベルク司教区本部は宗教だけでなくさまざまな面でまちにその影響を

小ヴェネツィア
中州地区のレグニッツ川沿いには元漁師の木組みの家が連なる。遊覧船に乗ってゆったりと水辺のまちなみを楽しむこともできる。

与えていた。大聖堂は1012年に皇帝ハインリヒ2世によって建設された後、1185年に火災に遭い、13世紀前半に再建された。大聖堂が面する広大な広場には、司教の旧宮殿、新宮殿があり、現在は博物館として公開されている。17世紀に建設されたバロック様式の新宮殿にはバラ園があり、バンベルクのまちなみを見下ろすことができる。

中州地区は南西側のレグニッツ川と北東側のマイン・ドナウ運河に挟まれたエリアである。レグニッツ川対岸の司教の居住区と対比的に市民の居住区として商業や手工業を中心に発展してきた。14世紀に最初の市庁舎が川のなかに建てられた。これはバンベルクを統治していた司教領主に市民が市庁舎の建設用地を要求したものの、受け入れられなかったため司教の管轄権が及ばない川のなかに建てたことによる。市庁舎は1460年の火災後に再建され、川に張り出した黄色い木組みが特徴的な小屋は1668年の増築の際に取り付けられた。市庁舎の壁面には18世紀にフレスコ画が描かれている。

この旧市庁舎から中州地区へ橋を渡ると歩行者空間であるグリューナー・マルクトとマクシミリアン広場へとつながる。野菜市場を意味するグリューナー・マルクトでは朝市が立ち、地元の野菜が売られる。新市庁舎が面するマクシミリアン広場では冬の風物詩クリスマス市が立ち、多くの市民が集まる。川沿いには元漁師の木組みの家々が並び「小ヴェネツィア」と呼ば

れ、遊覧船やカヌー、ゴンドラなど水辺からまちなみを眺めることもできる。川沿いの歴史スポットを歩いて回るトレイルルートも整備されている。

マイン・ドナウ運河の北東側には菜園地区が位置する。ここでは約20余りの農家が菜園を経営している。生産した野菜は市内の市場やレストランに卸され、伝統的な地産地消の仕組みを継承している。この菜園地区までが世界遺産の登録範囲であり、3つの地区が機能を分けながら発展してきたバンベルクの特色を物語っている。

レグニッツ川に建つ旧市庁舎
旧市庁舎は川を挟んだ2つの地区、聖職者の居住エリアである丘陵地区と市民の居住エリアである中州地区を結ぶかたちで川のなかに建設された。

歴史あるビール醸造

バンベルクを訪れたのは1998年8月である。調査旅行のため、各地で土地の文化に触れることは難しいが、宿泊地では地元の情報を頼りに美味しい郷土料理と出会える。バンベルクは宿泊予定地だったため、世界遺産のまちなみのなかで名物のラオホ（燻製）ビールを味わうことができたら、と楽しみにしていた。ドイツ各地で美味しいビールは飲めるが、バンベルクのビール醸造の歴史は古いうえに醸造所の数も多く、香りの強い独特の味も興味深かった。最初のビール居酒屋は1093年にあったとのことである。有名なバイエルンよりも早く1489年にビール純粋令が公布されている。ちなみにビール純粋令とは良いビールをつくるために原料は「水、麦芽、ホップ」のみ使用を許可する法律である。一般的にビール醸造には大量の水が必要である。川と共に歴史を刻んできたこのまちでビール醸造がひとつの文化として発展したのも必然的だったのかもしれない。水の恵みに感謝しながらラオホビールを満喫した。　　　　　（YT）

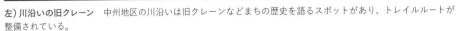

左）川沿いの旧クレーン　中州地区の川沿いは旧クレーンなどまちの歴史を語るスポットがあり、トレイルルートが整備されている。
中）4つの塔を有する大聖堂　大聖堂は1012年に建設されたのち、火災に遭い、13世紀に再建された。
右）丘陵地区側から望む旧市庁舎　橋付近にはビールのまちらしい雰囲気がある。

30 ニュルンベルク [Nürnberg / ドイツ]

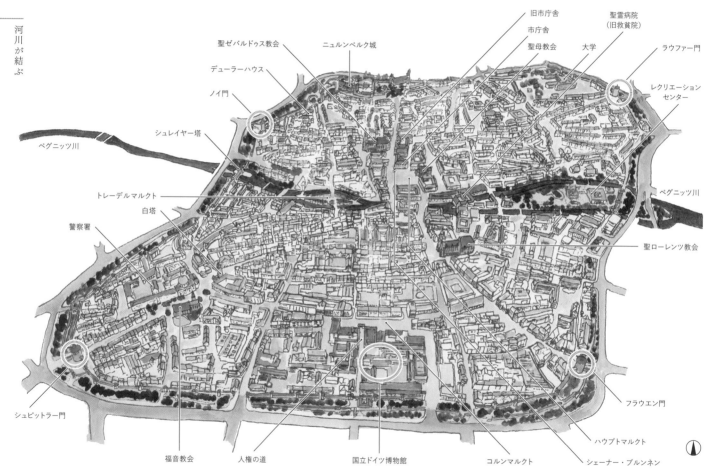

聖ゼバルドゥス教会
デューラーハウス
ノイ門
シュレイヤー塔
旧市庁舎
市庁舎
聖母教会
ニュルンベルク城
大学
聖霊病院（旧救貧院）
ラウファー門
レクリエーションセンター
ペグニッツ川
トレーデルマルクト
白塔
警察署
ペグニッツ川
聖ローレンツ教会
シュピットラー門
福音教会
人権の道
国立ドイツ博物館
コルンマルクト
フラウエン門
ハウプトマルクト
シェーナー・ブルンネン

聖ゼバルドゥス教会

ペグニッツ川

ペグニッツ川

聖ローレンツ教会

100m

二重の城壁で囲まれた旧市街の中央部分をペグニッツ川が通って2つの領域に分けている。北側の標高の最も高い部分にニュルンベルク城が位置し、守りの要となっている。2つの領域にそれぞれ中心となる教会があり、地区名称となっている。全体の中心としてハウプトマルクトがあり、主要施設が配されている。

2つの領域を結ぶペグニッツ川

旧市街の2つの領域

　ニュルンベルクもバンベルクと同じように都市の中央部分を川が横切っていることが特徴である。ニュルンベルクの場合、旧市街が川によって南北2つの領域に分けられている。つまりペグニッツ川の北側がゼバルドゥス地区、南側がローレンツ地区である。それぞれの地区の中心にある教会名がその地区の名称とされている。

　ハウプトマルクト（中央広場）は北側ミッテにあり、観光ポイントのシェーナー・ブルンネン（美しの泉）、市庁舎、フラウエン教会（聖母教会）がある。この広場では日曜日以外の毎日、多くの食品を扱う市が開かれている。

　ニュルンベルクはドイツ国内で戦争によって最も大きな被害

ペグニッツ川と聖霊病院（旧救貧院）

ペグニッツ川により2つの領域に区分されているニュルンベルクは聖霊病院など川の中州の施設によってつながれている。

を受けた都市といわれている。現在の都市は中世の姿がよく復元されているが、これは復興活動がきめ細やかに行われたことによる。住民の意向によって中世の姿に戻す努力を行ってきたということであろう。

ニュルンベルクの産業と歴史

ニュルンベルクの繁栄の黄金期は15〜16世紀にかけてである。これはこの地がベルリンからミュンヘンへの南北交易路と、シュツットガルトやフランクフルトからの東西交易路の交差点に位置していることが有効に働いていたことによる。当時、錠

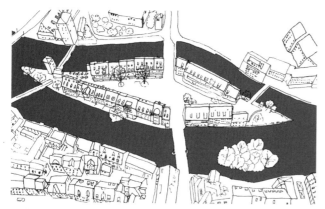

ペグニッツ川中州のトレーデルマルクト ペグニッツ川により分断した旧市街を結び合わせる機能を担っている施設群である。

前屋、彫刻家、ブロンズ鋳造家などが活躍していた。マイスタージンガーつまり詩人・劇作家のハンス・ザックスや画家アルブレヒト・デューラーもこの時代に活躍した人物である。

現在は隣接する都市フュルトと共に南ドイツの主要な工業都市のひとつとされている。工作機械、電気器具、事務用品、玩具などが主要品目である。こうした現在の都市の姿は、前述の職人のまちとしての歴史に起因しているのであろう。

ニュルンベルクはナポレオン戦争期には一時フランス軍に占領されたが、その後バイエルン王国に引き渡された。19世紀に入るとバイエルンの工業中心都市のひとつとして発展し、ドイツ初の旅客列車がニュルンベルクとフュルト間の運行を開始した。これは当時、他の地域の鉄道計画に大きな影響を与えた出来事であった。

しかし、その後このまちの歴史はその方向を変えていくことになる。世界が第二次世界大戦へ向かって行くなか、ナチス党大会がこの地で開催され、ニュルンベルクはナチスにとって重要な都市となっていった。そのため第二次世界大戦中、まちは連合軍による空爆の優先目標とされたのである。1945年1月2日、爆撃で旧市街が破壊され、全地域が甚大な被害を被った。同年4月の4日間にわたる地上決戦で歴史的建造物は破壊されたのである。

左）ハウプトマルクト　市の中心の広場で聖母教会と市庁舎が面しており、中心機能を担っている。
中左）聖ゼバルドゥス教会　ペグニッツ川の北側の旧市街の地区を代表する教会である。
中右）聖ローレンツ教会　ペグニッツ川の南の旧市街の地区を代表する教会である。
右）シェーナー・ブルンネン（美しの泉）　ハウプトマルクトの北西角にある高さ19mの黄金の塔である。金の輪を回すと願い事が叶うという言い伝えがある。

復興のまちと南北をつなぐ川

　戦後は、かつての都市構造に従ってまちが再建された。現在城壁に囲まれた旧市街は中世の面影を残す美しいまちなみが復元され、多くの場所で中世、近世の様子を感じとることができるのである。

　都市の中心を流れるペグニッツ川には、複数の中州がある。西端シュレイヤー塔は元々城塞施設の一部であるが、現在までに刑務所、高齢者向け住宅、学生寮として使われてきた。その東側の中州トレーデルマルクトは、フリーマーケットという意味である。現在広場には店が建ち並び、素朴な雰囲気の空間となっている。東側の一番大きな中州シュット島には、14世紀設立の社会福祉施設である聖霊病院（旧救貧院）がある。現在は高齢者施設とレストラン、そしていくつかの店舗となっている。他にこの中州にはレクリエーションセンター、そして小学校と中学校がある。

　これらの中州は歴史的にも現代も市民生活に必要な都市機能を担う空間である。中州にはいくつもの橋が架けられており、北側と南側をつないでいる。このペグニッツ川は南北の土地を分けると同時に、つなぐ空間でもあったのである。　　　（SA）

31 ミュンスター ［Münster / ドイツ］

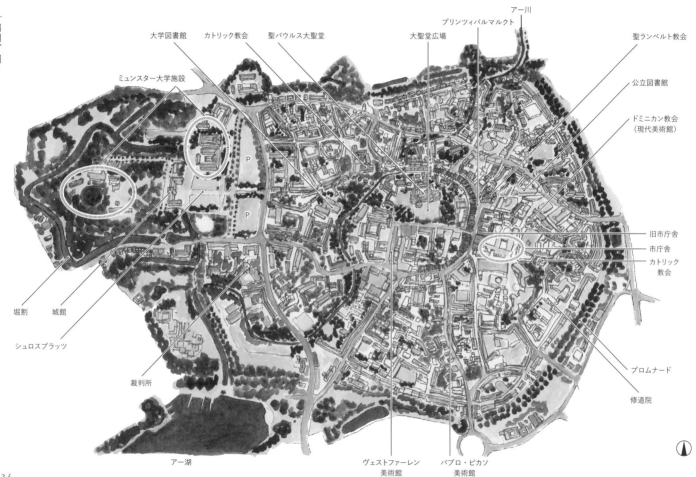

大学図書館

カトリック教会

聖パウルス大聖堂

大聖堂広場

プリンツィパルマルクト

アー川

聖ランベルト教会

公立図書館

ドミニカン教会
（現代美術館）

ミュンスター大学施設

旧市庁舎

市庁舎

カトリック
教会

プロムナード

修道院

堀割

城館

シュロスプラッツ

裁判所

アー湖

ヴェストファーレン
美術館

パブロ・ピカソ
美術館

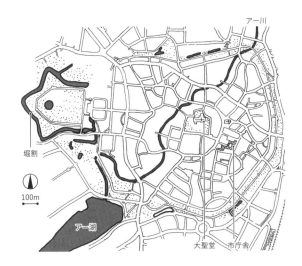

城壁で取り囲まれた旧市街を南から北へ蛇行しながらアー川が流れる。中央部には大聖堂地区が位置する。そして小高い丘の上に大聖堂がそびえる。丘の周縁部は商業の中心となる市場通りが囲み、市庁舎が面する。城壁は18世紀末に取り払われ、戦後は並木道として整備されている。西側には星形の堀に囲まれた城が位置する。

ミュンスターの豆知識

旧市街の南側にアー川をせき止めてつくられたアー湖があり、緑豊かな市民の憩いの場となっている。まちなみの美化と洪水防御のために計画された人工湖は1976年に完成した。湖を囲む公園にはピクニックやサイクリング、セーリングボートを楽しむ水辺空間だけでなく、パブリックアートや動物園、野外博物館もある。

歴史を守りながら進化する商人のまち

大聖堂とマルクト

　ミュンスターはドイツ北西部ノルトライン゠ヴェストファーレン州に位置し、ミュンスターラントと呼ばれる平原地帯の中心都市である。周辺は豊かな穀倉地帯であり、アー川の渡河地点であったため交通の要衝、商業のまちとして発展していく。13世紀にはハンザ同盟に加盟する。アー川は旧市街を通り抜けているが、物流のための水路は市街地の東側を流れるドルトムント・エムス運河が担っている。運河は艀用内陸運河として1899年に完成し、ルール地方東部のドルトムントからここミュンスターを経て、エムス川河口のエムデンに至る。アー川も

まちの歴史を刻んできた市庁舎
写真右手に見えるゴシック様式の建物が市庁舎である。中央市場通りに面して建つ。17世紀には市庁舎の広間で三十年戦争を終結させるヴェストファーレン条約が締結された。

運河同様、エムス川に流れ込んでいる。

　ドイツでの広場調査を進めるなかで、数々のマルクト広場と出会ってきた。マルクトは市場もしくは市場広場の意味であるが、市が立ち、商業施設だけでなく、市庁舎や教会など重要な都市施設も建ち並ぶ。ハンザ同盟の都市だけでなく、規模の大小に関わらずドイツ各地でマルクトが存在するのは、商業活動が大切にされてきた現れであろう。

　都市名のミュンスターが大聖堂を意味するとおり、中心部に大聖堂が建つ。8世紀末に宣教師のキリスト教布教活動によって修道院が建てられ、やがて司教座教会を中心とした都市が形成される。大聖堂は13世紀に建設され、内部には1542年製造の天文時計が設置されている。

　一方で都市の自治は市民層に委ねられ、大聖堂地区の東側を取り囲むプリンツィパルマルクト（中央市場通り）が市民生活の中心地となる。ここは通り状のマルクトである。装飾豊かな商業建築のアーケードが連なり、市庁舎と聖ランベルト教会が面する。教会では今でも塔の番人が角笛を吹き、まちを見守っている。ゴシック様式の市庁舎は14世紀に建造されたもので、17世紀には広間でヴェストファーレン条約が締結され、三十年戦争が終結する舞台ともなった。現在、公共のバスと自転車の

水で囲まれたノルトキルヒェン城
ミュンスターラントの広大で平坦な土地には100以上の城が点在する。建物周辺に水を満面に湛えた堀を巡らし、防御性を高めていた。

左）大聖堂と定期市
旧市街中心部の丘の上に13世紀建造の大聖堂がそびえる。大聖堂内部の天文時計と宝物館に並ぶ作品も貴重である。大聖堂広場では毎週水曜と土曜に市が立ち、露店で埋め尽くされる。
右）中央市場通りと聖ランベルト教会
環境居住都市として 自転車によるまちづくりの整備が進み、旧市街のメインストリートである本通りは歩行者・自転車中心の街路空間となっている。聖ランベルト教会は、1375年から1450年の間に建てられたマルクト教会である。

みが通行し、歩きやすい買い物通りとなっている。

城塞跡のプロムナードと住みやすいまち

　ミュンスターは第二次世界大戦でほぼ全壊したものの、旧市街は戦後市民の手で昔どおりに復興されている。大聖堂、市庁舎、宮殿など、貴重な遺産を修復する一方で、旧市街を取り囲む城壁跡には菩提樹の並木道を整備した。自動車の乗り入れを禁止し、自転車と歩行者のためのプロムナードをつくりあげた。自転車に優しいまちとしても知られている。この他にも市内に自転車専用道路や緑地が整備され、2004年に国連リブコム賞（正式名称は質の高い環境・景観の保全・創造による住みよいまちづくり国際賞）を受賞し、ヨーロッパ気候保護都市としても二度表彰された。プロムナードの西側、星形の堀に囲まれた城は、戦後再建された宮殿をはじめ、ミュンスター大学として使用されている。大学は1773年に創設され、約5万人の学生が学ぶ大学都市の礎も築いている。

ミュンスターラントの水城

　自転車は市内交通だけでなく市外でも楽しめる。観光協会は周辺のミュンスターラントに点在する城を自転車で巡る旅を「100城ルート」として推奨している。ミュンスター城も堀で囲まれているが、ミュンスターラントの広大で平坦な土地に建

装飾豊かな商業建築のファサード
1階部分のアーケードと切妻屋根のファサードが特徴的な通りである。旧市街の大部分は第二次世界大戦で破壊されたものの、戦後、市民によって復興している。

つ城や宮殿は、建物周辺に水を満面に湛えた堀を巡らし、防御性を高めていた。水で囲まれた城が100以上点在し、博物館やレストラン、ホテルとして公開されているものもある。田園風景のなかを水城目指して自転車で巡るのもミュンスターラントの地域性を知るためにも必要であろう。水城とは水を巡らせた城のことである。1998年の広場調査では水城を巡ることができなかった。次の機会には「ヴェストファーレンのヴェルサイユ」と称されるノルトキルヒェン城を訪問したい。　　　（YT）

137

32 姫路城 ［日本］

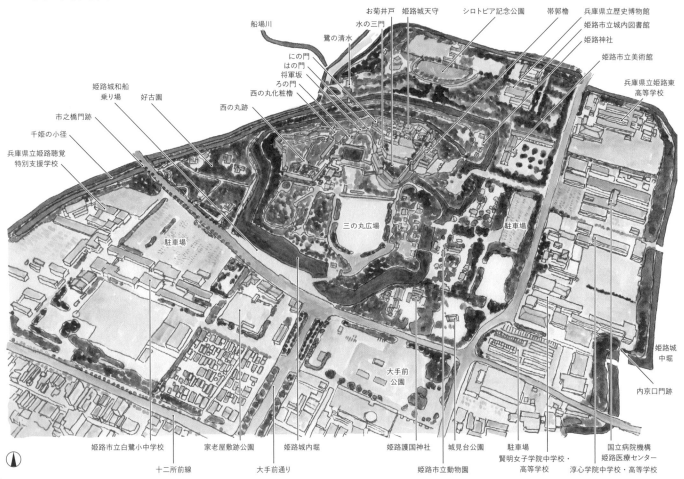

船場川

鷺の清水

お菊井戸　姫路城天守　シロトピア記念公園　帯郭櫓　兵庫県立歴史博物館

水の三門　姫路市立城内図書館

にの門　姫路神社

はの門

将軍坂　姫路市立美術館

ろの門

西の丸化粧櫓

兵庫県立姫路東
高等学校

姫路城和船
乗り場　好古園

西の丸跡

市之橋門跡

千姫の小径

兵庫県立姫路聴覚
特別支援学校

三の丸広場

駐車場

駐車場

姫路城
中堀

内京口門跡

大手前
公園

姫路市立白鷺小中学校　家老屋敷跡公園　姫路城内堀　姫路護国神社　城見台公園　駐車場　国立病院機構
姫路医療センター

十二所前線　大手前通り　姫路市立動物園　賢明女子学院中学校・
高等学校　淳心学院中学校・高等学校

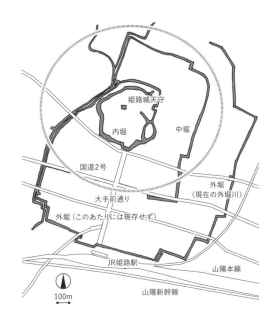

江戸時代の姫路城は南北約2km、東西約1.6kmの規模で、人的構成としても姫路城内と家臣団と町人を含んだ総構えの体制を保っていた。幸いなことに戦災を受けず昔の状況が保存されてきたことによって世界遺産にも登録され、現在の姫路市も基本的な構造を保存しつつまちの将来構想が計画されてきた。

姫路城の豆知識
姫路城といえば千姫のことを思い浮かべるであろう。豊臣秀吉の息子秀頼の正室千姫は、大坂夏の陣での秀頼の死後に大坂城を後にし、家康の取り計らいで本多忠刻と結婚した。翌年姫路城に移り西の丸化粧櫓に居を構えた。その後姫路城で過ごした10年間が千姫の幸せのときであった。

平山城として三重の堀で囲まれた総構えの城

　新幹線で岡山や山口あるいは博多まで足を延ばすとき、姫路駅近くでは進行方向右側に姫路城を望むことができる。その美しさに見惚れる一瞬がすぎる。しかし、なかなか姫路で降車する機会はやってこなかった。2002年その機会は訪れた。四国調査である。姫路で下車して姫路城を見てから岡山経由で四国に渡り、最後は琴平で終了する予定であった。かねてよりの姫路城を見たいという願望が満たされたのである。

　姫路は現代化が進みほとんど城下町の様相は残されていないと考えていた。堀割は姫路城の周辺にだけ現存するが、その様子では城下町を十分に守る体制がなかったのではないかと予想していた。しかし、実際に姫路のまちを歩いてみて、現代化した町割は、城下町の要素を基盤に成り立っているということが

姫路城天守閣
白鷺城、「しらさぎじょう」あるいは「はくろじょう」とも呼ばれている。戦禍を受けていない数少ない城である。

わかった。つまり姫路の城下町は総構えの形態をとっていたのである。総構えとは城下町を堀や土塁で囲むことで都市全体を守る体制のことをいう。

姫路城の歴史

　姫路城のはじまりは1333年赤松則村が護良親王の命により挙兵し、そのときに姫山に砦を築いたことによる。そして本格的に姫山に築城したのは赤松貞範である。その後1580年羽柴秀吉の中国攻略のため、黒田孝高が城を秀吉に献上した。秀吉はその折に三層の天守閣を築いた。関ヶ原の戦いの後、池田輝政が姫路城主となる。そして、本多忠正、松平忠明、榊原忠次、酒井忠恭、忠邦が城主を継ぎ、明治となる。1869年姫路城は国有となり、1931年には姫路城の天守閣が国宝に指定される。

1956年から64年にかけて解体修理を行った（昭和の大修理）。

　1993年ユネスコの世界遺産に登録される。わが国で法隆寺と共に初めて世界遺産に登録された姫路城は、17世紀初頭の日本の城郭建築を代表する史跡建造物として評価を得たのである。2009年から2015年にかけて平成の大修理が行われ、その後姫路城の年間入城者数は200万人を超えた。

城の構成

　姫路城は五重六層の大天守と3つの小天守が渡櫓でつながり、幾重にも重なる屋根、千鳥破風や唐破風が白漆喰総塗籠造の外装に調和して、華やかで優美な構成である。そして、姫路城は400年の歴史のなかで戦いに遭遇することなく、近代の戦災に遭うこともなかった。以上の経緯より保存状態も良く遺構とし

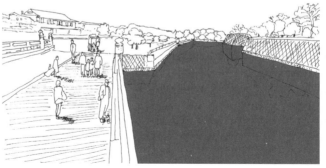

左）天守の展望台からの景観
右脇に三の丸広場と姫路駅に向かう大手前通りが望める。
右）桜門橋
内堀に架かる桜門橋は天守へ向かうアプローチとなっている。

てきわめて貴重な文化遺産である。

　大天守の高さは姫山の標高45.6m、石垣14.85m、建物が31.5m、合計海抜約92mである。

　かつての城の構成は三重の曲輪からなっていた。内曲輪は現在の城のまわりの堀、中曲輪はその外側に残る堀割部分、外曲輪はさらに外側で、南端は現在のJR姫路駅のあたりまで延びていた。内曲輪は城郭の主要部分、中曲輪は藩の公的施設、外曲輪は武家屋敷、町家、寺町であった。城郭都市として三重の堀割が機能していた。

　現在は幅員50mの大通り（大手前通り）が城と駅を結ぶ。この中心部は姫路城を中心とする過去の構成が垣間見える。「姫路市都心部まちづくり構想」によれば、3つのゾーン分けによってその方向性が示されている。すなわち、駅中心の出会いと交流をテーマとしたゾーン、駅から城を見通す大手前通りを軸とした楽しみと回遊のゾーン、城を中心に世界遺産を有する誇りと市民のアイデンティティーを示すゾーンである。

　姫路駅北にぎわい交流広場では、駅周辺にかつてあった外堀を思わせる空間をつくりあげている。大手前通りを挟んで城と正対する位置には、キャッスルビュー（展望施設）がつくられ、城を意識した空間が構成されている。　　　　　　　（SA）

姫路城将軍坂
城内は多くの門や櫓が配置され、敵が侵入しにくい構成となっている。

大手門
桜門橋を渡ると大手門があるが、いずれも再建されたものである。

姫路駅周辺の再開発
外堀は消えてなくなっていたが、駅周辺の再開発により、外堀をイメージした空間がつくられている。

エピローグ **麗江古城** ［Lijiāng / 中国］

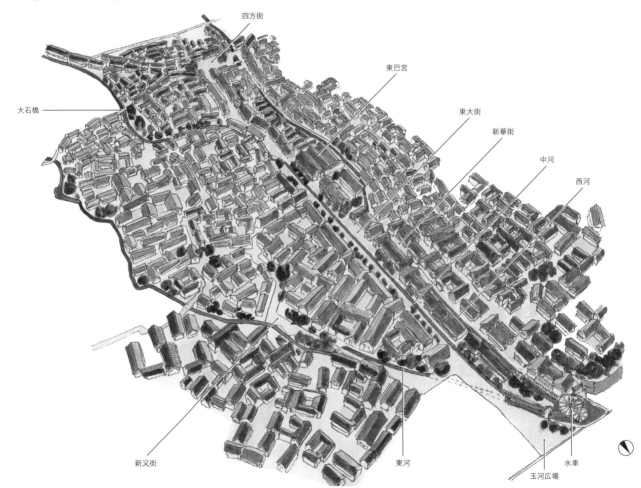

四方街

東巴宮

大石橋

東大街

新華街

中河

西河

新义街

東河

水車

玉河広場

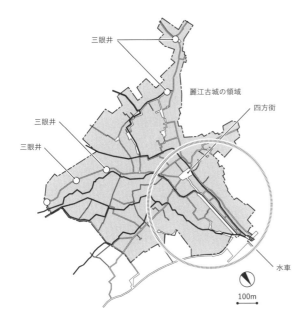

中国雲南省麗江市は山岳と高原に囲まれた標高2400mの麗江盆地に位置し、市の中央部分にある旧市街は周辺の白沙古鎮、束河古鎮の二地区を含めたかたちで麗江古城地域として指定され、1997年ユネスコの世界遺産に認定登録された。麗江古城は四方街を中心にまちが構成され城壁はない。

麗江の豆知識

ナシ族の歴史は古く、かつては中国西北部に住んでいた遊牧民が、南下してきて農耕民と融合してナシ族が生まれたとする説がある。ナシ族の名前が世界に広まったきっかけのひとつはトンパ文字である。これはナシ族に伝わる象形文字であり、宗教儀礼を司る人々が儀礼などを記録するために使用してきた。

水系を計画的に配置したナシ族のまち

ナシ族のまち麗江

中国雲南省の麗江を訪れたのは2005年も押し詰まった12月31日であった。ここから4日間麗江のまちを満喫した。麗江は少数民族ナシ族のまちである。この旅では、同じく少数民族ペー族のまち大理も訪れている。さらに、私たちはこれまでにトン族やチベット族のまちにも訪問経験があった。こうしてみると多数の少数民族のまちを訪れているように思える。しかし中国全土で見ると少数民族の占める人口の割合はごくわずかであることがわかる。中国の人口構成は、漢民族が全体の92%を占め、残りの8%が少数民族といわれる。その8%が55種類の少数民族に分かれるのである。

麗江にはナシ族と共に、リス族、プミ族、ペー族、イ族など

麗江旧市街を流れる水路
3本に分かれた水路には各種の橋が架けられている。写真のような素朴な板橋は数多く見られる。

が居住している。そして古城区域内ではナシ族の民芸品や土産物を売る店が建ち並び、舞踊などを鑑賞する機会も多い。

麗江は1996年に大地震に見舞われ、大きな被害を受けたが、翌年に麗江古城区が世界遺産に登録されたのを機に、旧市街の復興が進められ5年間でおおむね修復された。下水道も完備し域内の電柱も整理された。

玉龍雪山と水利用システム

麗江の北約28kmに万年雪を頂いた標高5596mの玉龍雪山が位置している。この山はナシ族にとって意義あるもので神の山と崇められている。標高4500mくらいまでロープウエイで上がれるため、麗江を訪問する観光客は玉龍雪山もセットで訪れることが多い。

玉龍雪山は単なる観光要素ではなく、本書のテーマである水という点で、麗江古城のまちにとって重要な意味をもっている。その雪解けの伏流水でできた黒龍潭（泉）からの豊富で清らかな水が麗江古城まで流れている。古城の北端にある玉河広場で主たる3本の流れに分けられ、各住戸・施設に分流されている。そして流れの清掃管理も住民自治で定期的に行われているようである。中央広場である四方街では、夜間水門を閉じて川の水を溢れさせ、広場に水を流して清掃するという。その管理も住民自治で行っているのである。3本の流れ自体の清掃も同じような仕組みで行っているという（2006年調査時）。まちと水路の管理形態が環境維持と保全に役立っている、きわめてユニー

左）玉龍雪山　麗江の北にそびえる標高5596mの万年雪を冠した山で、麗江の水はこの山から流れ出す雪解けの水である。ナシ族の宗教であるトンパ教の聖地である。
中）旧市街北端の水車　玉龍雪山の雪解け水を源流とする流れは、玉河広場で3つに分かれ麗江古城へ流れ込む。玉河広場には二連の水車がある。
右）市内に複数の三眼井がある。現在でも住民の生活用水として使われている。

クな仕組みの事例であろう。

　水利用の方式はこれだけにとどまらない。まちのなかに三眼井という装置が複数見受けられる。三眼井とは、3つの井が連なる水場である。最初の井は飲用の水汲み場、2番目は野菜などを洗うもの、3番目は洗濯に利用する3段階の水場である。

　そして川でもその利用方法が時刻によって分けられている。午前10時前は飲用水を取る時間で、野菜洗いや洗濯は行わないという麗江のマナーが市民に浸透しており、環境維持の暗黙の了解事項となっている。

　このようなシステムをつくり出し、水を重要な生活装置として活用しているナシ族の麗江は、水と共に生きるまちの、ひとつのすばらしい典型となっている。

エピローグ

　水は人間が生きていくためになくてはならないものである。私たちは水を体内に摂り込むことで、生物としてその生命を維持している。しかし人間は水のなかでは生きられない。時として水は、生物を排除するものとなる。言い換えれば外敵から人間を守ってくれるものである。自然の川の流れを利用した要塞都市や城まわりの堀割がその例である。しかし、こうした人間にとって相対する2つの面をもつ水はまた、人と人をつないでくれるものでもある。水を使った広場清掃や洗濯のルールなど、麗江では水を介したコミュニティの一端を見ることができた。水と共に生きる麗江古城は、水辺の都市を巡る旅の話を締めくくるにふさわしい対象である。　　　　　　　　（SA）

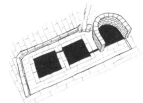

上）三眼井　右の囲いのある井が飲み水用、中央部が野菜洗い用、左端が洗濯用の3段階の水場である。
左）四方街　四方街は夜間、近くの水路の水を溢れさせ、定期的に清掃を行っている。日中の広場ではナシ族の女性たちが民族衣装を纏い、踊りを披露していた。

水路は四方街の近くで池状の溜まりを構成している。

註釈等

1.本書は昭和女子大学で芦川研究室において4半世紀の期間に行われた海外都市広場調査（19回）およびアジア等の歩行者空間調査（12回）が基礎にある。調査を行った国の数は延べ86カ国に及び、調査日数は518日である。調査に参加した人数は延べ211人である。

2.海外調査と合わせて国内調査も行っており、その数についてはここでは割愛する。

3.1. で行った調査は「昭和女子大学學苑」と「昭和女子大学大学院生活機構研究科紀要」および「日本建築学会大会学術講演梗概集」に投稿している。そのリストは以下の号に掲載されている。「昭和女子大学學苑」621号、633号、644号、655号、671号、682号、689号、700号、715号、722号、737号、744号、759号、766号、777号、781号、789号、793号、801号、813号、825号、861号、873号、および「昭和女子大学大学院生活機構研究科紀要」Vol.1、Vol.2、Vol.4、Vol.5、Vol.6、Vol.7、Vol.8、Vol.9、Vol.10、Vol.15、Vol.17、Vol.21、Vol.24、また、「日本建築学会大会学術講演梗概集」には、1990年、1991年、1992年、1993年、1994年、1995年、1996年、1998年、1999年、2001年、2004年に継続的に発表してきた。

4.34都市すべての都市スケッチはGoogle EarthまたはGoogle Mapによる画像を参照している。

5.都市図は3の文献中に記載した参考文献あるいは現地で手に入れた資料により作成しているのでそれぞれの海外都市広場調査報告あるいはアジアの歩行者空間報告を参照されたい。

6.地名の日本語表記については『最新基本地図』（参考文献参照）に準拠し、現代の口語的表現を考慮して決めている。

参考文献

各都市の記述は海外都市広場調査報告（前述「昭和女子大学學苑」）の参考文献リストによるが、本書を記すにあたり参考にした文献の主要なものを以下に示す。

◆ 伊東孝之・直野　敦・萩原　直・南塚信吾監修『東欧を知る事典』平凡社、1993年

◆ 伊藤毅『バスティード　フランス中世新都市と建築』中央公論美術出版、2009年

◆ 池上岑夫・牛島信明・神吉敬三・金七紀男・小林一宏・ファン＝ソベーニャ・浜田滋郎監修『スペイン・ポルトガルを知る事典』平凡社、1992年

◆ 池端 雪浦（監修）・石井米雄・前田成文・高谷好一・土屋健治『東南アジアを知る事典』平凡社、1986年

◆ 岩村忍『文明の十字路＝中央アジアの歴史』講談社、2007年

◆ 内田日出海『物語 ストラスブールの歴史　国家の辺境、ヨーロッパの中核』中央公論新社、2009年

◆ 鎌澤久也『雲南最深部への旅』めこん、2002年

◆ 辛島　昇・前田専学・江島惠教・応地利明・小西正捷・坂田貞二・重松伸司・清水　学・成沢光・山崎元一監修『南アジアを知る事典』平凡社、1992年

◆ 川成　洋、坂東省次 編『スペイン文化事典』丸善、2011年

◆ 木村尚三郎 他『生活の世界歴史6　中世の森の中で』河出書房新社、1991年

◆ 倉敷市日本遺産推進協議会 編『自転車とさんぽで日本遺産・倉敷めぐり　「一輪の綿花から始まる倉敷物語」を訪ねて』吉備人出版、2020年

◆ 越沢　明『アムステルダムの都市計画の歴史－1917年のベルラーへの南郊計画とアムステルダム派の意義』土木史研究第11号、1991年

◆ 小松久夫（編集）ほか『中央ユーラシアを知る事典』平凡社、2005年

◆ 佐藤　寛『イエメン―もう一つのアラビア』アジア経済研究所、1994年

◆ 鯖田豊之『都市はいかにつくられたか』朝日新聞社、1988年

◆ 鯖田豊之『水道の思想　都市と水の文化誌』中央公論社、1996年

◆ 鯖田豊之『水道の文化―西欧と日本―』新潮社、1983年

◆ サリナ・シング『ロンリープラネットの自由旅行ガイド　インド』メディアファクトリー、2004年

◆ 塩谷哲史『中央アジア灌漑史序説―ラウザーン運河とヒヴァ・ハン国の興亡』風響社、2014年

◆ 陣内秀信・岡本哲志編著『水辺から都市を読む―舟運で栄えた港町』法政大学出版局、2002年

◆ 陣内秀信編『中国の水郷都市―蘇州と周辺の水の文化』鹿島出版会、1993年

◆ 関哲行編『世界歴史の旅　スペイン』山川出版社、2002年

◆ チーム88（井草長雄）・宮永　捷・細谷昌子・錦織千奈美編『イタリア旅行協会公式ガイド2ヴェネツィア イタリア北東部』NTT出版、1995年

◆ 中国古鎮游編集部編　河添恵子監訳『中国・江南　日本人の知らない秘密の街　幻影の村34』ダイヤモンド・ビッグ社、2006年

◆ 東京大学生産技術研究所原研究室編『住居集合論　その1』鹿島出版会、1973年

◆ 時田慎也『旅名人ブックス53　中国・雲南地方 "桃源郷"の魅力を探る』日経BP社、2003年

◆ 友杉　孝『図説　バンコク歴史散歩』河出書房新社、1994年

◆ 中村茂樹＋畔柳昭雄＋石田卓也『アジアの水辺空間　くらし・集落・住居・文化』鹿島出版会、1999年

◆ 中井　均・三浦正幸監修『よみがえる日本の城7　広島城・福山城』学習研究社、2004年

◆ 橋本淳司『通読できてよくわかる　水の科学』ベレ出版、2014年

◆ 樋渡　彩＋法政大学陣内秀信研究室編『ヴェネツィアのテリトーリオ　水の都を支える流域の文化』鹿島出版会、2016年

◆ 布野修司編『世界都市史事典』昭和堂、2019年

◆ フランス　ミシュランタイヤ社著・実業之日本社編『ミシュラン・グリーンガイド　イタリア』実業之日本社、1991年

◆ フランス　ミシュランタイヤ社著・実業之日本社編『ミシュラン・グリーンガイド　ドイツ』実業之日本社、1996年

◆ フランス　ミシュランタイヤ社著・実業之日本社編『ミシュラン・グリーンガイド　フランス』実業之日本社、1993年

◆ フランス　ミシュランタイヤ社著・実業之日本社編『ミシュラン・グリーンガイド　スペイン』実業之日本社、1995年

◆ 法政大学大学院エコ地域デザイン研究所アジアまち居住研究会『チャオプラヤー川流域の都市と住宅』法政大学大学院エコ地域デザイン研究所、2005年

◆ マギー・ブラック、ジャネット・キング『水の世界地図　第2版　刻々と変化する水と世界の問題』丸善、2010年

◆ 旅行人編集室編『旅行人ノート　シルクロード　中央ユーラシアの国々』旅行人、2006年

◆ 和段琪『麗江古城』岭南美术出版社、1998年

◆ 严品华『中国歴史文化名鎮同里』中国撮影出版社、2000年

◆ 潘洪萱『江南古鎮』浙江撮影出版社、1999年

◆ 潘洪萱『江南古橋』浙江撮影出版社、1999年

◆ E.A.Gutkind著『URBAN DEVELOPMENT IN CENTRAL EUROPE』The Free Press of Glencoe、1964年

◆ E.A.Gutkind著『URBAN DEVELOPMENT IN SOUTHERN EUROPE : SPAIN AND PORTUGAL』The Free Press、1967年

◆ E.A.Gutkind著『URBAN DEVELOPMENT IN SOUTHERN EUROPE : ITALY AND GREECE』The Free Press、1969年

◆ E.A.Gutkind著『URBAN DEVELOPMENT IN WESTERN EUROPE : FRANCE AND BELGIUM』The Free Press、1970年

◆ E.A.Gutkind著『URBAN DEVELOPMENT IN WESTERN EUROPE : THE NETHERLANDS AND GREAT BRITAIN』The Free Press、1971年

◆ E.A.Gutkind著『URBAN DEVELOPMENT IN EAST-CENTRAL EUROPE : POLAND , CZECHOSLOVAKIA , AND HUNGARY』The Free Press、1972年

◆ Fernando Varanda『ART OF BUILDING IN YEMEN 』The MIT Press,1982年

◆ 『最新基本地図—世界・日本—45訂版』帝国書院、2020年

◆ 『日本の城DVDコレクション1号　姫路城』デアゴスティーニ・ジャパン、2020年

おわりに

都市広場のデータベース作成を目標に海外都市広場調査を行ってきた。採集した広場数は1000を越えて、2017年に『世界の広場への旅─もうひとつの広場論─』を出版することができた。本書は前書の反省や欠如していたものの補完など、さまざまな意味を含んでいる。この二冊の出版によって、海外都市広場調査の成果発表を完結させたいと考えている。

まず前書は、都市の中心に位置する広場に特化した内容であった。これは実施した調査方法自体にも起因している。つまり中心広場に到達したら、そこでの調査を優先し、終了したらすぐ次の都市へ移動するという行動である。訪れる都市の数をとにかく多くという方針であった。そのため旅自体は非常に慌ただしいことになり、本書の中にも登場する多数のエピソードを生むことになったのである。

しかし、都市の中心広場ではさまざまな要素を確認することができたが、それらは広場の中だけで完結するものではなく、本来は都市全体の様相の中で語られるべきものであると感じてきた。調査時、現地では可能な限りの資料を買い集めた。帰国後、調査のまとめのためにそれらを読み返すと多くの見落としに気づくことになったのである。そのため二度三度と同じ都市を訪れたこともあった。

これらが前書で広場自体の記述はできたが、都市全体の様相との整合が薄かったという反省に至った経緯である。

そして本書の出版を検討することになり、都市のスケッチを描きはじめて、あらためて水の風景という要素について考えることになった。水がつくり出してきたさまざまな都市の風景をスケッチと文章で記述することは、人と都市の関係を読み解くことであり、私たちの旅の意味をもう一度問い直すことでもあった。

本書の構成については、共同執筆者とも相談を重ねて内容を詰めていった。この新しい本の出版に至る道のりは長く、共同執筆者たちの多くの協力の結果であると感謝している。

なお本書に記載する情報は可能な限り、現在のものに更新したが、写真やエピソードは調査当時のもので現在とは異なる場合があることをお断りしておきたい。

最後に、この本の編集につき、たいへんな労力と面倒な編集作業を快く行っていただきました彰国社の大塚由希子氏と尾関恵氏にこの場で心より感謝を申し上げます。また、前回の出版に関わっていただいた佐野知世子氏にも陰でご指導いただいたことを感謝いたしております。

2022年11月　芦川 智

執筆者紹介

芦川智（あしかわさとる）

1945年　神奈川県生まれ
1968年　横浜国立大学建築学科卒業
1970年　横浜国立大学大学院修了
1972年　東京大学大学院修了
1975年　東京大学生産技術研究所
　　　　助手就任
1980年　昭和女子大学専任講師
1981年　昭和女子大学助教授
1984年　昭和女子大学教授
2016年　昭和女子大学名誉教授

〈現在〉
芦川智建築研究室主宰
工学博士、一級建築士、
インテリアプランナー

〈主な著書・執筆〉
『世界の広場への旅』（編著、彰国社）
『住まいを科学する』（共著、地人書館）
「住居集合論1 SD別冊No.4」
「住居集合論3 SD別冊No.8」
「住居集合論4 SD別冊No.10」
「東欧の広場」SD1993年2月号
（以上、鹿島出版会）
「マルクト 市の立つ広場」造景27号・
28号・29号（建築資料研究社）

〈主な作品〉
立山町ふれあい農園施設（1989年）
脇町交流促進施設（2000年）
菅野邸（1996年）等

金子友美（かねこともみ）

1965年　栃木県生まれ
1988年　昭和女子大学卒業
1993年　昭和女子大学大学院
　　　　修士課程修了
1998年　昭和女子大学生活科学部
　　　　生活環境学科専任講師

〈現在〉
昭和女子大学大学院生活機構研究科
環境デザイン研究専攻教授
博士（学術）、一級建築士

〈主な著書〉
『世界の広場への旅』
『建築空間計画』
『建築設計テキスト　併用住宅』
（以上共著、彰国社）
『空間五感』
『建築デザイン用語辞典』
『空間デザイン事典』
『建築・都市計画のための空間学事典
増補改訂版』
『空間要素』『空間演出』
（以上共著、井上書院）
「マルクト 市の立つ広場」造景27号・
28号・29号（建築資料研究社）

鶴田佳子（つるたよしこ）

1969年　東京都生まれ
1991年　昭和女子大学卒業
2002年　昭和女子大学大学院
　　　　生活機構研究科満期退学
2004年　昭和女子大学人間社会学部
　　　　現代教養学科専任講師

〈現在〉
昭和女子大学大学院生活機構研究科教授
博士（学術）

〈主な著書〉
『世界の広場への旅』（共著、彰国社）
『トルコ・イスラーム都市の空間文化』
（共著、山川出版社）
『中東・オリエント文化事典』
（共著、丸善）
『女性と情報』
（共著、御茶の水書房）、
『Becoming Istanbul-An Encyclopedia』
（共著、Garanti Galeri）
「マルクト 市の立つ広場」造景27号・
28号・29号（建築資料研究社）

高木亜紀子（たかぎ あきこ）

1978年　東京都生まれ
2001年　昭和女子大学生活美学科卒業
2003年　昭和女子大学大学院生活機構
　　　　研究科生活科学研究専攻修了
2003〜14年　昭和女子大学環境
　　　　デザイン学科助手

〈主な著者・執筆〉
『世界の広場への旅』（共著、彰国社）
「マルクト 市の立つ広場」造景27号・
28号・29号（建築資料研究社）

世界の水辺都市への旅

2022 年 12 月 10 日　第 1 版　発　行

編　者　芦　川　　　智

著　者　芦　川　　　智　・　金　子　友　美
　　　　鶴　田　佳　子　・　高　木　亜　紀　子

発行者　下　出　雅　徳

発行所　株式会社　彰　国　社

162-0067　東京都新宿区富久町8-21
電話　　03-3359-3231（大代表）
振替口座　00160-2-173401

Printed in Japan

印刷：真興社　製本：誠幸堂

ISBN 978-4-395-32184-1 C3052　　https://www.shokokusha.co.jp

著作権者と
の協定によ
り検印省略

自然科学書協会会員
工学書協会会員